分布式监控平台 Centreon 实践真传

田逸 / 著

清华大学出版社
北京

内 容 简 介

Centreon是一款分布式开源监控平台，易于安装、管理，可支持大规模的网络监控。本书基于作者实践经验讲述如何使用Centreon。

全书共15章，大致可分为4部分：第1章和第2章为基础部分，主要介绍分布式监控平台Centreon的主要特征、功能；第3～5章介绍系统部署，用ISO镜像文件部署Centreon及在CentOS上部署Centreon，并在安装好的Centreon上做最简单的主机监控；第6～13章为生产环境监控实践，涉及生产环境的方方面面，是全书的精华；第14章和第15章介绍一些比较典型的故障和处理方法，以及部分不经常使用的功能。

本书适合有一定Linux基础并且从事系统运维的技术人员、计算机专业学生、高可用系统架构研究者阅读。

本书封面贴有清华大学出版社防伪标签，无标签者不得销售。

版权所有，侵权必究。举报：010-62782989，beiqinquan@tup.tsinghua.edu.cn。

图书在版编目(CIP)数据

分布式监控平台 Centreon 实践真传 / 田逸著. —北京：清华大学出版社，2023.2
ISBN 978-7-302-62813-2

Ⅰ.①分… Ⅱ.①田… Ⅲ.①计算机监控系统 Ⅳ.①TP277.2

中国国家版本馆 CIP 数据核字 (2023) 第 031962 号

责任编辑：王中英
封面设计：郭　鹏
版式设计：方加青
责任校对：徐俊伟
责任印制：丛怀宇

出版发行：清华大学出版社
　　网　　址：http://www.tup.com.cn，http://www.wqbook.com
　　地　　址：北京清华大学学研大厦 A 座　　邮　编：100084
　　社 总 机：010-83470000　　邮　购：010-62786544
　　投稿与读者服务：010-62776969，c-service@tup.tsinghua.edu.cn
　　质 量 反 馈：010-62772015，zhiliang@tup.tsinghua.edu.cn
印 装 者：北京同文印刷有限责任公司
经　　销：全国新华书店
开　　本：185mm×260mm　　印　张：14.75　　字　数：289 千字
版　　次：2023 年 3 月第 1 版　　印　次：2023 年 3 月第 1 次印刷
定　　价：69.00 元

产品编号：096172-01

前言

关于"Linux 企业级高可用实践真传"系列图书

经过三年多时间的打磨,"Linux 企业级高可用实践真传"系列图书终于与读者见面了。本系列图书是系统高可用的最佳实践总结。无论是自建平台还是流行的公有云平台,高可用系统的架构基本上都包含以下三部分:

- 前端的负载均衡,实现应用层面的可用性及可扩展性。
- 分布式的监控系统,作为高可用系统的耳目,在无人值守的情况下随时监控基础设施和应用的运行情况。
- 底层的超融合集群,不仅能加快系统和应用的部署速度,而且能把整个业务层面的可用性提到更高的层次。

笔者现有的高可用环境由负载均衡(前端)、Proxmox VE 超融合高可用集群(包含 Proxmox Backup Server 多副本备份)、Centreon 分布式监控平台(千里眼、顺风耳)组成。与 10 年前相比,运维压力减轻很多。本系列图书正是基于笔者的亲身实践而写,包括《Proxmox VE 超融合集群实践真传》《分布式监控平台 Centreon 实践真传》和《Linux 负载均衡实践真传》。

"Linux 企业级高可用实践真传"系列图书有以下特点:

(1)原创性。本系列图书的内容为笔者实际工作场景(脱敏后的真实运行环境)的再现和还原,凝聚笔者二十多年的经验、教训与心得体会,旨在让后来者少踩坑,少走弯路。

(2)时效性。本系列图书所采用的系统、工具版本为当前主流稳定版本,短时间内不会过时,易于获取并部署到真实的生产环境。

（3）非全面性。本系列图书不是使用手册，书中内容根据实际需要在软件或工具功能上做取舍，不可能面面俱到。即便如此，读者按书中的思路、实践方法去操作，应该可以将自己所需要的功能一一实现。

（4）接地气。书中讲的更多的是思路、实践经验及部分感言，是比较接地气的。

本系列图书适合有一定 Linux 基础并且从事系统运维的技术人员、计算机专业学生、高可用系统架构研究者阅读。

关于本书

Centreon 是一款分布式开源监控平台，易于安装、管理，可支持大规模的网络监控。Centreon 基于大名鼎鼎的 Nagios，并对其进行了二次封装。Centreon 以 ISO 镜像方式一键部署，以 Web 方式添加监控对象；管理界面简洁直观、性能强劲（监控引擎扫描监控对象时，不频繁查询数据集）；可单机监控，也可与 Poller 组成集群，以支持大规模网络监控或者监控受保护的内部网络。

在开源领域，有多种可选的监控平台，比较主流的有 Zabbix、Nagios、Prometheus 等。目前 Zabbix 在国内的知名度最高，除了产品本身优秀，还与其有力的宣传有关。作为 Nagios 的继任者，Centreon 在功能及易用性上可以与 Zabbix 相媲美，笔者建议大家有条件的话尝试使用 Centreon，毕竟多一个选择就是多一条路。

致谢

为尽可能地保证行文和技术上的正确性，在本书写作时特邀请 Linux 系统管理员曾俊辉先生全程参与，在此表示特别感谢！

田 逸
2022 年 12 月

目录

第 1 章 监控那些事 / 1

1.1 笔者的监控之旅 / 1
1.2 监控的分类 / 4
1.3 有效监控 / 5
1.4 经验之谈 / 5

第 2 章 认识开源分布式监控平台 Centreon / 7

2.1 Centreon 的主要特征 / 7
2.2 Centreon 的主要组成部分 / 10
    2.2.1 操作系统 CentOS / 10
    2.2.2 数据库 MySQL / 10
    2.2.3 Web 服务器 Apache / 11
    2.2.4 应用程序 PHP / 12
    2.2.5 Centreon 相关组件 / 12
    2.2.6 Centreon 分布式监控架构 / 15
2.3 Centreon Web 管理界面简述 / 16

第 3 章 安装和部署 Centreon 20.10 / 20

3.1 安装和部署需求 / 20
3.2 安装前的准备工作 / 22
3.3 以 ISO 方式安装 Centreon / 23
3.4 在操作系统 CentOS 7 上安装 Centreon / 32
    3.4.1 安装 Centreon 的先决条件 / 32
    3.4.2 准备 yum 安装源 / 33
    3.4.3 安装 CentreonCentral Server / 34
    3.4.4 修改数据库 LimitNOFILE 限制（可选）/ 35
    3.4.5 修改 PHP 时区 / 35
    3.4.6 将所有相关服务设置成随系统开机启动 / 36
    3.4.7 启动所有服务 / 36
3.5 验证 Centreon 安装的正确性 / 36

第 4 章　Centreon 初始化及配置详解 / 38

4.1　Centreon 初始化设置 / 38
4.2　Centreon 20 相关信息初探 / 43
　　4.2.1　Centreon 相关性账号 / 43
4.2.2　主要配置文件 / 44
4.3　Web 管理后台登录 / 51
4.4　注意事项 / 51

第 5 章　部署第一个监控实例 / 53

5.1　添加主机 / 53
5.2　添加依附于主机的服务 / 60
5.3　导出数据并启动 Centreon 引擎 / 62
5.4　操作步骤汇总 / 68
5.5　验证监控有效性 / 68

第 6 章　监控生产环境之准备工作 / 70

6.1　确定监控范围 / 70
6.2　告警工具准备 / 71
6.3　钉钉告警 / 71
　　6.3.1　准备钉钉群组机器人 / 71
6.3.2　将告警整合进 Centreon / 76
6.4　短信告警 / 82
6.5　邮件告警 / 83

第 7 章　监控生产环境之主机资源监控 / 86

7.1　监控主机资源 / 86
　　7.1.1　安装 NRPE / 86
　　7.1.2　安装 Nagios 插件 / 87
　　7.1.3　在被监控端配置 NRPE / 88
　　7.1.4　验证 NRPE / 91
　　7.1.5　为监控服务器 CentreonCentral 添加主机资源监控项 / 93
　　7.1.6　主机资源监控验证 / 98
7.2　模拟故障告警 / 99
7.3　批量部署 NRPE 监控主机资源 / 104

第 8 章　监控生产环境之服务监控 / 107

8.1　监控服务 / 107
　　8.1.1　监控负载均衡（Keepalived+HAProxy）/ 107
　　8.1.2　监控 Proxmox VE 超融合集群 / 111
8.2　监控小型站点 / 115
　　8.2.1　监控 Nginx 服务 / 115
　　8.2.2　监控 PHP 服务 / 116
　　8.2.3　监控 MySQL 数据库 / 117
　　8.2.4　综合性监控 / 123

第 9 章　Centreon 日常维护及管理 / 125

9.1　Centreon 日常维护 / 125
9.1.1　Centreon 相关服务的启停 / 125
9.1.2　Centreon 数据备份 / 126
9.1.3　Centreon 故障处理 / 129

9.2　CentreonCentral 日常管理 / 131
9.2.1　添加联系人 / 用户 / 131
9.2.2　删除被监控主机 / 140
9.2.3　删除联系人 / 用户 / 141

9.3　Nagios 插件脚本撰写 / 142
9.3.1　监控日志文件是否生成（check_logfile）/ 142
9.3.2　监控日志文件大小（check_logsize）/ 143

9.4　CentreonCentral 告警静默 / 144
9.4.1　立刻保持静默 / 144
9.4.2　固定时间静默 / 146

第 10 章　Centreon 的使用技巧 / 148

10.1　创建 Centreon 模板 / 148
10.2　自定义 CentreonCentral 管理后台视图（Custom Views）/ 153
10.3　复制监控对象 / 156
10.4　多用户钉钉机器人报警 / 158
10.4.1　创建钉钉群组 / 158
10.4.2　创建自定义钉钉群组机器人 / 159
10.4.3　创建另一个钉钉机器人调用脚本 / 160
10.4.4　Centreon Web 管理后台创建通知命令 / 161
10.4.5　创建联系人并关联钉钉 / 163
10.4.6　联系人 / 用户附属到主机或者服务 / 164

第 11 章　Centreon 版本升级 / 165

11.1　Centreon 小版本升级 / 165
11.1.1　更新 Centreon yum 源 / 165
11.1.2　Centreon 在线更新 / 166
11.1.3　重启 PHP 及 Apache 服务 / 167
11.1.4　Centreon 管理后台更新 / 168
11.1.5　重启其他相关服务 / 172

11.2　Centreon 大版本升级 / 172
11.1.1　更新系统及 Centreon yum 源 / 172
11.1.2　Centreon 更新 / 173
11.2.3　启动新的 PHP 7.2 / 173
11.2.4　验证升级是否正常 / 177

11.3　Centreon 版本升级的变化 / 178

第 12 章　Centreon 分布式监控 / 180

12.1　安装 Centreon 分布式 Poller / 181
12.2　为中央服务器添加 Poller / 183
12.2.1　以 SSH 协议连接远端 Poller / 183
12.2.2　以"gorgone"协议连接远端 Poller / 187

12.3　通过远端 Poller 监控私有网络 / 190

12.3.1　需求及场景描述 / 191
　　12.3.2　添加受保护的内网主机 / 191
　　12.3.3　添加主机服务项 / 192
　　12.3.4　模拟故障，验证监控是否有效 / 193

第 13 章　Centreon 备份与恢复 / 196

13.1　最快的备份及恢复 / 197
　　13.1.1　Centreon 系统备份 / 197
　　13.1.2　Centreon 系统快速恢复 / 199
13.2　简化性的 Centreon 备份及恢复 / 202
　　13.2.1　备份 MariaDB 数据库 / 202
　　13.2.2　备份非数据库文件 / 203
　　13.2.3　Centreon 中央监控服务器恢复 / 203
13.3　经验总结 / 205

第 14 章　Centreon 典型故障处理 / 207

14.1　远端 Poller 故障 / 207
14.2　CentreonCentral 中央监控服务器故障 / 211
　　14.2.1　CentreonCentral Web 管理后台不能登录 / 211
　　14.2.2　Cdb 服务不能启动 / 212
　　14.2.3　Centreon Poller 间歇性停止故障 / 213
14.3　NRPE 故障 / 217
　　14.3.1　普通账号权限问题 / 218
　　14.3.2　远端 Poller 内的 NRPE 权限问题 / 220

第 15 章　杂项 / 222

15.1　Centreon 高可用性（HA）/ 222
15.2　监控更大规模的网络 / 224
15.3　Centreon 的安全性 / 225

第 1 章 监控那些事

1.1 笔者的监控之旅

时光倒回到 2004 年，笔者在上地环岛的一家做在线教育的公司做 Linux 系统管理员。大概有半个机柜的服务器在亦庄的联通机房托管，全部为 1U 的设备。笔者时不时去一趟机房做维护，各种证件、证明，登记还是挺正规的，个人感觉还是很不错的。突然有一天，所有的服务器都不能访问了，等了好长一段时间也没有恢复。打电话给机房，答复说正遭受网络攻击，让等一下。由于不确定什么时候恢复，于是笔者就在个人桌面上开几个窗口，用 Ping 服务器的 IP 方式进行测试，这应该算是最原始的一种监控手段了。Ping 了一整天，也没有恢复。第二天老板让开车去现场看看到底怎样，到了现场，机房里一片混乱，不少人都在往外搬服务器，一打听，原来是机房服务商跟基础运营商（联通）闹崩了，联通切断了下联的宽带。没有办法，笔者就跟其他人一样把服务器搬走了。

2005 年秋，笔者换了份工作，负责的服务器规模在当时来说比较大，不是半个机柜，而是数百台服务器，用 Ping 的方法来监控服务器是否正常，显然是不合适的，也是不可能做到的。笔者接手的时候，正好有一台没完工的监控系统 NetSaint，仅仅是软件安装完成，没有添加监控项。印象最深的是，上司让把服务器 IP 地址与端口对应起来，以便进行流量监控。可是，因为历史遗留问题，线缆很乱（如图 1-1 所示），服务器也没有标识，让人抓狂。

图 1-1

笔者只好通过登录交换机获取每个端口的 MAC 地址（去掉级联端口），接着用 Nmap 扫描本网段，得到 IP 地址与 MAC 相对应的数据，再与交换机获取的 MAC 值进行匹配，从而得到需要的结果。

因为公司主营业务为 SP，一旦发生故障，就会短信报警，这给运维工作带来很大的便利，完全扭转了以前那种被动的运维局面。在监控系统未投入使用之前，故障报告全靠用户通知，可能只会笼统地说一句"××服务器好像出问题了"。具体是什么问题，是什么导致的，得花一番工夫去排查，效率远不及监控系统。

后来 NetSaint 改名为 Nagios，功能更强大，也更易于使用，笔者就把 NetSaint 升级为 Nagios，用了很多年。但是 Nagios 在配置时（特别是监控对象数量较多的时候），需要手动输入大量的文本行，稍不留意就可能出错，笔者就想找一个替代方案，如果从浏览器里输入数据，应该会好一些。Nagios 有一些基于 Web 的管理工具，比如 NagiosQL（如图 1-2 所示），但部署起来十分烦琐。

图 1-2

与 Nagios 的 Web 管理工具相比较，Zabbix 的部署就要容易很多，于是笔者就用 Zabbix 逐步替换掉 Nagios。Zabbix 的部署难度比较小，只要能搞定"Apache+PHP + MySQL"组合，部署 Zabbix 就不会遇到什么障碍，而且基本不需要对 Zabbix 的配置做什么修改或者变更（NagiosQL 要手动做很多操作）。

个人认为，Zabbix 有以下几个问题：

- Zabbix 的所有监控对象都存储在 MySQL 数据库，包括其代理工具 Zabbix_proxy。监控对象越多，服务时间越久，数据库就会越来越庞大。
- 中央服务器启动时，会启动很多进程，影响性能。
- 模板过多过滥，不需要的一大堆，需要的可能没有。
- 有些项目监控比较烦琐，比如 URL 监控。

笔者用了几年 Zabbix，因为发现上述问题，所以又想把监控换成非常熟悉的 Nagios，但又不想用原生的 Nagios，希望能找到一个易于配置的带 Web 界面的第三方包装版本。想起在某大学，曾见他们用带 Web 界面的 Nagios 封装版本 Centreon，这么多年过去了，不知道还有没有继续维护。访问其官网，看到还在继续发布新版，于是笔者从官方网站下载好 ISO 文件，在虚拟机里一键安装好系统，设置好网络，然后直接就可以从 Web 界面进行监控管理操作。

与原生的 Nagios 相比较，Centreon 是一体集成的工具包，不需要手动安装 MySQL、PHP、Apache 等组件，也不需要逐个对这些组件进行手工配置。升级组件，也仅需要对整个系统执行"yum update"操作。添加监控对象，可以直接在 Web 界面进行，避免原生 Nagios 添加用手工输入容易造成的错误。

通过一段时间的试用，笔者终于把监控系统全部换成了 Centreon（如图 1-3 所示）。

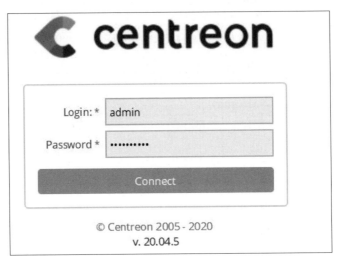

图 1-3

1.2 监控的分类

在日常工作中，监控项目大概可以分为网络与服务监控、流量监控、用户数据监控等。作为系统管理员，在没有开发能力的情况下，最主要的监控就是网络与服务监控和流量监控了。

网络与服务监控。是监控的重中之重，包括主机存活、服务端口存活、服务请求响应、主机资源使用率、逻辑监控等。具体的监控指标可以根据业务的情况、使用习惯、业绩考核指标来安排，没有固定的格式。

流量监控。如果是物理服务器，直接对交换机端口进行监控，Cacti 是一个比较不错的选择。有些人可能喜欢对流量监控与服务监控用同一个工具，而笔者通常是分开用，又因为主要平台为 Proxmox VE 超融合集群，所以分开用仅仅多了一个虚拟机而已。

1.3 有效监控

需要监控的对象可能会很多，但并不是越多越好，反之亦然。单个主机的被监控项越多，复杂度就越高。有些监控项，可能相互之间存在一定的关联，通过这种关联关系，就可以减少一定数量的监控项。比如监控 Linux 的内存使用情况，仅需关注交换分区，就可以把内存使用及交换分区的使用一并解决了，因为交换分区如果被占用到一定的数值，那么内存一定是耗尽了的。

监控告警也应该是一个很需要留意的地方，有报警一定要及时处理，不能无视之，如果没人理会，监控告警就会成"狼来了"，起不到任何作用。

1.4 经验之谈

监控是运维的常规性工作，是系统管理员的千里眼、顺风耳，有了它，睡觉就要踏实得多。曾经有一阵子笔者在移动机房现场值守，因为信号和网络屏蔽的原因，上不了外网（那时还没有智能手机），无事可干，只能在工位上干坐着，连续好几天没收到告警短信，心中暗喜服务器应该没啥事。可是，电话突然响了，里面一顿暴批，说有个关键业务挂了几天怎么没人管？我辩解道："监控没报警啊！"老总怒了："监控服务器是不是死掉了？如果是，当然不报警了。"（如图 1-4 所示）。

图 1-4

有了这个教训以后，笔者总结了以下几点经验：

- 保证手机有电，并且能有信号。如果遇到没有信号的情况，就移动到有信号的地方，保证不漏掉告警信息。
- 做好监控平台的备份，以便出现不可修复的故障时进行有效的恢复。
- 早中晚定时登录监控后台，查看监控系统本身是否正常工作。
- 监控权限或告警信息，除了系统管理员外，只选取与之相关的项目发给相关人员，能不发的尽量不发。
- 运维人员一定要先于其他部门人员知道故障发生，并评估其必要性，决定是否通知其他部门的人员。
- Centreon监控服务器尽量不要与被监控的主机在同一网段，有条件的话，最好放在不同的物理位置。

第 2 章 认识开源分布式监控平台 Centreon

Centreon 既是产品名，也是公司名。它完全脱胎于知名的监控软件 Nagios，并针对性地开发了自己的引擎及相关组件，并对其进行重新封装，虽然如此，仍然完全兼容 Nagios。有 Nagios 使用经验的系统管理员，对 Centreon 更是得心应手。

Centreon 对外提供功能丰富的商业版本，同时也提供开源的免费版本。大概有四个可供用户选择的版本，它们分别是"Open Source""IT Edition""Business Edition""MSC Edition"，作为技术人员，相信大家跟笔者一样，更愿意关注和使用免费开源的"OpenSource"，人生的意义在于折腾，多折腾才会有进步。

2.1 Centreon 的主要特征

Centreon 的主要特征如下：

- 监控对象极其广泛：Cloud（云）、Virtualization（虚拟化）、Microservices（微服务）、Databases（数据库）、Middleware（中间件）、Systems（系统）、Storage（存储）、Security（数据安全）、Network（网络）、Hardware（硬件设备）、IoT（物联网）、ITOM services（信息系统运营管理服务），等等。

- 完全兼容知名监控软件 Nagios：因为 Centreon 对 Nagios 完全兼容，所以已经采用 Nagios 作为监控平台的用户，可以无缝地迁移升级到 Centreon 平台，以便使用 Centreon 便捷地配置管理 Web。
- 多种数据收集（采集）方式：非代理模式 SNMP（简单网络管理协议），通过 API（应用程序接口）连接到云端或者其他设施，执行远端的脚本采集数据。
- 自动发现网络或者基础设施：这个功能不包含在开源版本中，可能需要付费订阅商业版才能使用（如图 2-1 所示），有些可惜。

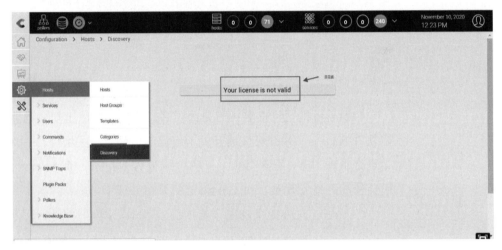

图 2-1

- 丰富的配置模板：自带 3000 多种配置模板（如图 2-2 所示），可供添加监控对象时进行选择，减少工作量及提高工作效率。

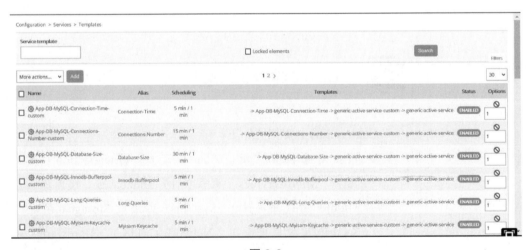

图 2-2

- 提供丰富的插件：企业版宣称带有超过 470 个插件（如图 2-3 所示）。虽然插件很多，但很多插件可能用不上，而有些插件，可能需要自己编写脚本文件。

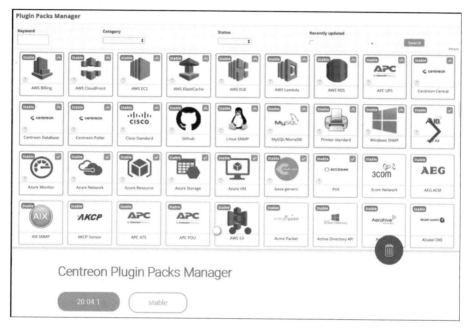

图 2-3

- 分布式监控模式："主控+多 Poller"的方式，既能支持大规模的监控集群，减轻中心服务器的负担；又能对受保护的内部网络进行无差别的监控。
- 高可用：Centreon 高可用基于 Pacemaker，可实现一主一从两节点主备模式。与一般高可用 HA 相比较，没有使用共享存储，而是启用了 MySQL 复制，如图 2-4 所示。

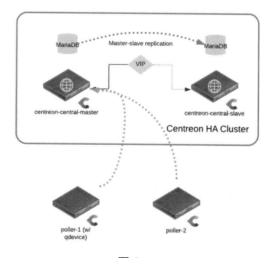

图 2-4

笔者在实践中，还没有实际采用图 2-4 所示的高可用架构。那么，有什么变通方式吗？答案是肯定的，一种办法是把 Centreon 系统置于超融合平台中，另一种是对数据库进行备份。监控系统不可用时，只需把数据库导入安装好的 Centreon 的数据库，很快就能恢复了。

- 开源免费。可惜的是免费版本有 100 个主机数的限制，如图 2-5 所示。

Our Centreon **IT Monitoring** commercial edition is free up to 100 equipments!

图 2-5

2.2 Centreon 的主要组成部分

Centreon 监控系统主要由操作系统 CentOS、数据库 MySQL、Web 服务器 Apache、应用程序 PHP、Centreon-engine 及相关组件（如 Poller）等组成。各部分的功能大致描述如下。

2.2.1 操作系统 CentOS

Centreon 有两种安装方式：一种方式是下载 CentreonISO 镜像包，刻录成光盘或者可引导 U 盘进行安装；另一种方式是先安装好操作系统，再在上面安装 Centreon 所需的软件。以 ISO 镜像包安装的底层操作系统（集成在一起的）为 CentOS 7.X，低一些的版本所依赖的操作系统为 CentOS 6.X。如果对操作系统比较熟悉的话，亦可以其他 Linux 的发行版作为底层的运行环境。

2.2.2 数据库 MySQL

以 ISO 镜像包安装的数据库为 MariaDB，最新的 Centreon 自带的版本号为 Distrib 10.3.22-MariaDB，可以用 MySQL 来代替。MySQL 部署以后，基本上不需要手动去创建库、用户及表单，Centreon 后台管理初始化过程会自动进行相应处理。

2.2.3 Web 服务器 Apache

不同版本的 Centreon，如 Centreon 19.X 与 Centreon 20.X 所对应的 Apache 版本是有差异的。Centreon 20.04 所附带的 Apache 版本为 httpd 2.4，与 Centreon 相关的配置文件路径为"/opt/rh/httpd24/root/etc/httpd/conf.d/10-centreon.conf"，其主要功能是配合 PHP 提供 Web 页面的后台管理。这里，可以打开此配置文件，进一步了解 Web 目录、与 PHP 配合工作等相关信息。

```
[root@mon172 conf.d]# more 10-centreon.conf
#
# Section add by Centreon Install Setup
#
Alias /centreon/api /usr/share/centreon
Alias /centreon /usr/share/centreon/www/
<LocationMatch ^/centreon/(?!api/latest/|api/beta/|api/v[0-9]+/|api/v[0-9]+\.[0-9]+/)(.*\.php(/.*)?)$>
ProxyPassMatch fcgi://127.0.0.1:9042/usr/share/centreon/www/$1
</LocationMatch>
<LocationMatch ^/centreon/api/(latest/|beta/|v[0-9]+/|v[0-9]+\.[0-9]+/)(.*)$>
  ProxyPassMatch fcgi://127.0.0.1:9042/usr/share/centreon/api/index.php/$1
</LocationMatch>
ProxyTimeout 300
<Directory "/usr/share/centreon/www">
DirectoryIndex index.php
Options Indexes
AllowOverride all
Order allow,deny
Allow from all
Require all granted
<IfModule mod_php5.c>
php_admin_value engine Off
</IfModule>
RewriteRule ^index\.html$ - [L]
RewriteCond %{REQUEST_FILENAME} !-f
RewriteCond %{REQUEST_FILENAME} !-d
RewriteRule . /index.html [L]
ErrorDocument 404 /centreon/index.html
AddType text/plain hbs
</Directory>
<Directory "/usr/share/centreon/api">
Options Indexes
AllowOverride all
```

```
Order allow,deny
Allow from all
Require all granted
<IfModule mod_php5.c>
php_admin_value engine Off
</IfModule>
AddType text/plain hbs
</Directory>
RedirectMatch ^/$ /centreon
```

从这个配置文件，可知 PHP 服务的监听端口为 TCP 9042，而非常见的 9000。知道这个窍门以后，即可以改成任意端口，只要与 PHP 启动端口相匹配即可。一般情况下，不需要对 Apache 做任何配置，在 CentreonWeb 管理进行初始化的时候，自动进行相应处理。如果用源码包手动进行安装，则需要逐个进行配置，组合后才能正常工作。

2.2.4　应用程序 PHP

Centreon 20.X 版本要求 PHP 版本为 PHP 7.2，早先的版本为 PHP 7.1。如果 Centreon 从 19.X 版本升级到 20.X，在系统中会存在 PHP 7.1 和 PHP 7.2 两个版本（如图 2-6 所示）。有时候 Centreon 后台管理界面不能正常访问，那么可能的问题就是启动了 PHP 7.1 这个老版本。

```
[root@mon172 root]# pwd
/opt/rh/rh-php72/root
[root@mon172 root]# bin/php --version
PHP 7.2.24 (cli) (built: Nov  4 2019 10:23:08) ( NTS )
Copyright (c) 1997-2018 The PHP Group
Zend Engine v3.2.0, Copyright (c) 1998-2018 Zend Technologies
    with the ionCube PHP Loader (enabled) + Intrusion Protection from ioncube24.com (unconfigured) v10.3.4, Copyright
  (c) 2002-2019, by ionCube Ltd.
[root@mon172 root]#
```

图 2-6

2.2.5　Centreon 相关组件

Centreon 自身的组件比较多，分布也比较散。最主要的组件是 Centreon-engine、Centreon-broker，新版本增加了一个 Gorgoned（如图 2-7 所示）。

```
[root@mon172 centreon-broker]# ps auxww|grep gorgone
centreo+    664  0.0  0.2 703740 22020 ?    Ssl  Aug23  11:17 /usr/bin/perl /usr/bin/gorgoned --config=/etc/centre
on-gorgone/config.yaml --logfile=/var/log/centreon-gorgone/gorgoned.log --severity=info
centreo+    810  0.0  0.2 454140 16504 ?    Sl   Aug23   2:00 gorgone-nodes
centreo+    811  0.0  0.2 442336 16540 ?    Sl   Aug23   2:58 gorgone-dbcleaner
centreo+    824  0.0  0.1 454140 15676 ?    Sl   Aug23   4:04 gorgone-autodiscovery
centreo+    831  0.0  0.1 571988 15188 ?    Sl   Aug23   7:08 gorgone-cron
centreo+    838  0.0  0.1 637392 14364 ?    Sl   Aug23   1:36 gorgone-engine
centreo+    845  0.0  0.2 716544 17244 ?    Sl   Aug23   3:49 gorgone-statistics
centreo+    846  0.0  0.2 704772 16916 ?    Sl   Aug23   2:17 gorgone-action
centreo+    860  0.0  0.2 716396 16672 ?    Sl   Aug23  43:12 gorgone-legacycmd
centreo+   5338  0.0  2.4 890560 194584 ?   Sl   Aug23   1:41 gorgone-proxy
centreo+   5346  0.0  0.1 703060 13724 ?    Sl   Aug23   1:41 gorgone-proxy
centreo+   5347  0.0  0.1 703060 13708 ?    Sl   Aug23   1:41 gorgone-proxy
centreo+   5350  0.0  0.1 703060 13720 ?    Sl   Aug23   1:43 gorgone-proxy
centreo+   5359  0.0  0.1 703064 13720 ?    Sl   Aug23   1:41 gorgone-proxy
root      14884  0.0  0.0 112816   940 pts/1 S+  15:20   0:00 grep --color=auto gorgone
centreo+  30570  0.0  0.2 709052 17404 ?    Sl   Aug28   4:08 gorgone-httpserver
[root@mon172 centreon-broker]# ps auxww|grep centreon
centreon    663  0.0  0.2 207004 16572 ?    Ss   Aug23   7:27 /usr/bin/perl /usr/share/centreon/bin/centreontrapd
--logfile=/var/log/centreon/centreontrapd.log --severity=error --config=/etc/centreon/conf.pm --config-extra=/etc/cen
treon/centreontrapd.pm
centreo+    664  0.0  0.2 703740 22020 ?    Ssl  Aug23  11:17 /usr/bin/perl /usr/bin/gorgoned --config=/etc/centre
on-gorgone/config.yaml --logfile=/var/log/centreon-gorgone/gorgoned.log --severity=info
apache    15529  0.6  0.1 392684 12812 ?    S    15:25   0:00 php-fpm: pool centreon
apache    15641  0.6  0.1 392568 12500 ?    S    15:26   0:00 php-fpm: pool centreon
apache    15794  0.8  0.1 390232  8436 ?    S    15:27   0:00 php-fpm: pool centreon
root      15798  0.0  0.0 112816   936 pts/1 S+  15:27   0:00 grep --color=auto centreon
centreo+  25530  0.0  0.0  49216  2660 ?    Ss   Nov04   0:09 /usr/sbin/cbwd /etc/centreon-broker/watchdog.json
centreo+  25531  0.3  0.2 1256880 23808 ?   Sl   Nov04  28:44 /usr/sbin/cbd /etc/centreon-broker/central-broker.js
on
centreo+  25532  0.1  0.3 656612 31056 ?    Sl   Nov04  14:14 /usr/sbin/cbd /etc/centreon-broker/central-rrd.json
centreo+  30976  0.2  0.1 812608 15172 ?    Ssl  Sep09 248:14 /usr/sbin/centengine /etc/centreon-engine/centengine
.cfg
```

图 2-7

其中，Centreon-engine 在分布式监控体系里，中央控制器与 Poller 代理端必须同时运行。Centreon-broker 是 Web 管理后台去操作 Centreon-engine 的控制接口。每当在 Web 管理后台对监控对象（主机或者服务）进行更新（配置数据写入数据库）时，就需要对 Centreon-engine 关联的 Poller 进行操作：① Generate Configuration Files；② Run monitoring engine debug (-v)；③ Move Export Files；④ Restart Monitoring Engine。执行 Runmonitoringenginedebug -v 就是对配置文件进行语法检查（如图 2-8 所示），有 Nagios 使用经验的资深技术员应该对下述操作印象深刻吧？

```
[root@mon172 centreon-engine]# centengine -v /etc/centreon-engine/centengine.cfg
[1629380914] [5267] Reading main configuration file '/etc/centreon-engine/centengine.cfg'.
[1629380914] [5267] Processing object config file '/etc/centreon-engine/hostTemplates.cfg'
[1629380914] [5267] Processing object config file '/etc/centreon-engine/hosts.cfg'
[1629380914] [5267] Processing object config file '/etc/centreon-engine/serviceTemplates.cfg'
[1629380914] [5267] Processing object config file '/etc/centreon-engine/services.cfg'
[1629380914] [5267] Processing object config file '/etc/centreon-engine/commands.cfg'
[1629380914] [5267] Processing object config file '/etc/centreon-engine/contactgroups.cfg'
[1629380914] [5267] Processing object config file '/etc/centreon-engine/contacts.cfg'
[1629380914] [5267] Processing object config file '/etc/centreon-engine/hostgroups.cfg'
[1629380914] [5267] Processing object config file '/etc/centreon-engine/servicegroups.cfg'
[1629380914] [5267] Processing object config file '/etc/centreon-engine/timeperiods.cfg'
[1629380914] [5267] Processing object config file '/etc/centreon-engine/escalations.cfg'
[1629380914] [5267] Processing object config file '/etc/centreon-engine/dependencies.cfg'
[1629380914] [5267] Processing object config file '/etc/centreon-engine/connectors.cfg'
[1629380914] [5267] Processing object config file '/etc/centreon-engine/meta_commands.cfg'
[1629380914] [5267] Processing object config file '/etc/centreon-engine/meta_timeperiod.cfg'
[1629380914] [5267] Processing object config file '/etc/centreon-engine/meta_host.cfg'
[1629380914] [5267] Processing object config file '/etc/centreon-engine/meta_services.cfg'
[1629380914] [5267] Reading resource file '/etc/centreon-engine/resource.cfg'
[1629380914] [5267] Checking global event handlers...
[1629380914] [5267] Checking obsessive compulsive processor commands...
[1629380914] [5267] Checked 13 commands.
[1629380914] [5267] Checked 2 connectors.
[1629380914] [5267] Checked 7 contacts.
[1629380914] [5267] Checked 0 host dependencies.
[1629380914] [5267] Checked 0 host escalations.
[1629380914] [5267] Checked 2 host groups.
[1629380914] [5267] Checked 71 hosts.
[1629380914] [5267] Checked 0 service dependencies.
[1629380914] [5267] Checked 0 service escalations.
[1629380914] [5267] Checked 0 service groups.
[1629380914] [5267] Checked 259 services.
[1629380914] [5267] Checked 1 time periods.
[1629380914] [5267] Total Warnings: 0
[1629380914] [5267] Total Errors:   0
```

图 2-8

而 MoveExportfiles 则是把文件以文本形式写入磁盘，这个可以在执行操作前查看添加对象相对应的配置文件，比如添加主机、查看 hosts.cfg 文件，执行完操作后，再进行对比，观察其变化。生成文本形式的配置文件以后，还需重启引擎（如图 2-9 所示），把配置文件加载到内存中（Zabbix 是直接查询数据库），开始新的监控动作。

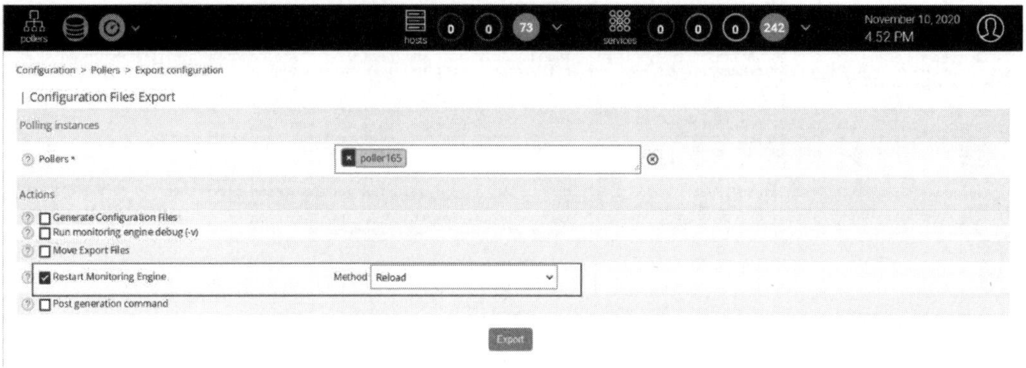

图 2-9

Gorgoned 是 Centreon 20.X 版本新增进来的，它用于与远端的 Poller 进行通信并传递信息，是分布式监控所需要的，如果使用 ZMQ 进行连接（如图 2-10 所示），需使用 TCP 5556 端口（与 NRPE 端口 5666 容易混淆）。在旧的版本里面，用的是 SSHD 服务。

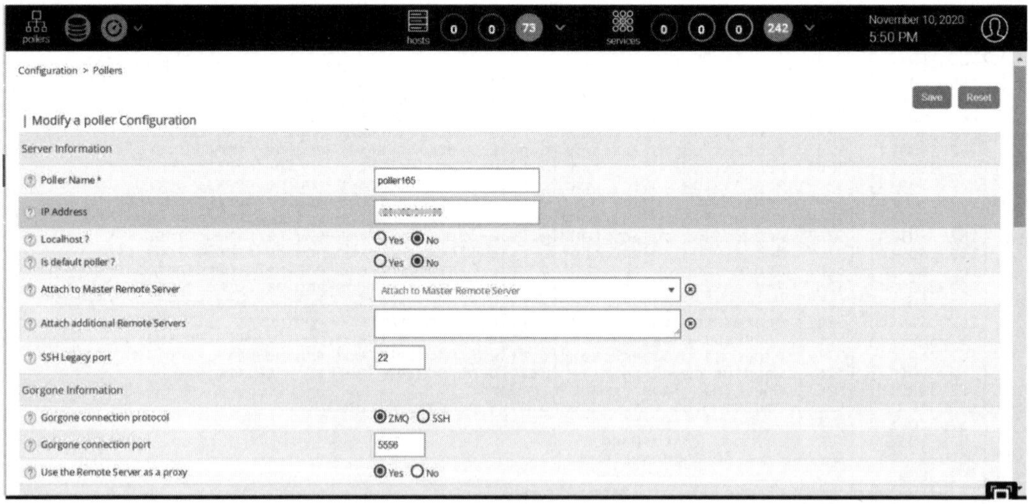

图 2-10

2.2.6 Centreon 分布式监控架构

Centreon 分布式监控平台由中央控制服务器（CentreonCentral Server）及远端代理 Poller 两大部分组成（如图 2-11 所示），当然，本地也使用了 Poller。

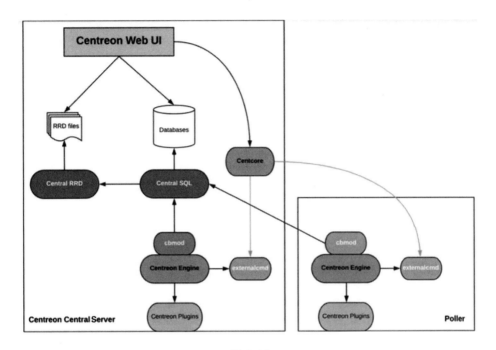

图 2-11

中央监控服务器主要包括以下部分：

- Web 访问界面：由 Apache 提供。
- Centreon engine：由 Nagios 重新封装的监控引擎。
- Cbd：Centreon broker，文本与数据库数据交换工具。
- MariaDB：数据库。

Poller 代理端包括以下部分：

- Centreon engine。
- Gorgoned（可选）：Poller 代理连接守护进程。

中央监控服务器可以支持多个远端 Poller，用以支持更大规模的服务网络。由于监控工作实际由 Poller 端的 Centreon-engine 提供服务，因此，中央监控服务器承担的监控负荷极小，稳定性及可靠性都比集中式监控要高得多。中央监控服务器的数据库可以单独出来，以获得更好的数据存取性能及可靠性。

2.3 Centreon Web 管理界面简述

Centreon 的主界面相当简洁、直观（如图 2-12 所示），主要分三个区域。

图 2-12

（1）顶部的状态区，从左到右介绍如下。

Poller 状态。正常为绿色，异常为黄色或者红色（如图 2-13 所示）。

扫码看彩图

图 2-13

主机状态。异常或者有故障时显示黄色或者红色，数字只显示有异常的主机数量。

服务状态。异常或者有故障时显示黄色或者红色（如图 2-14 所示），数字只显示有异常的服务数量。

扫码看彩图

图 2-14

用户属性。登录后台的用户名称及权限。

（2）左侧纵向主菜单按钮，从上到下一共五个，每一个都包含子菜单。

用户视图（Custom Views）。用户登录后，默认展示的界面，如图 2-15 所示。某些 Centreon 版本，用手机浏览器登录，可能是一片空白，这时需要进行视图定义。

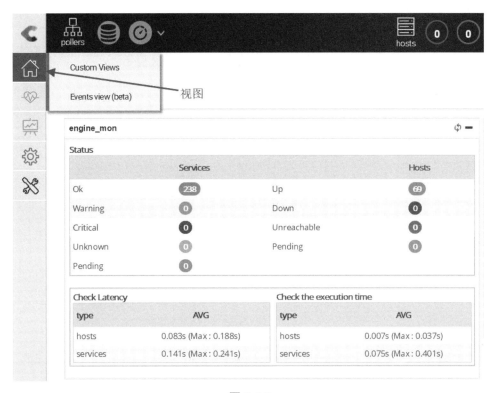

图 2-15

状态查看（Status Details）。包含四个子菜单，子菜单下还有下一级子菜单，如图2-16所示。

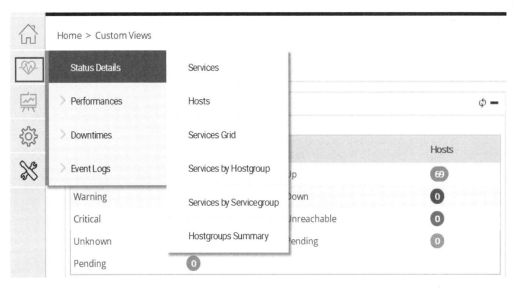

图 2-16

健康状态汇总仪表盘（Dashboard），如图 2-17 所示。

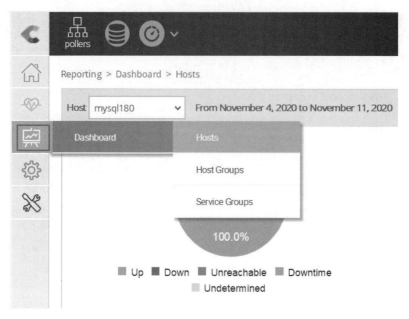

图 2-17

主配置菜单按钮。大部分维护、管理等操作都是在这个菜单项下面进行的,如图 2-18 所示。

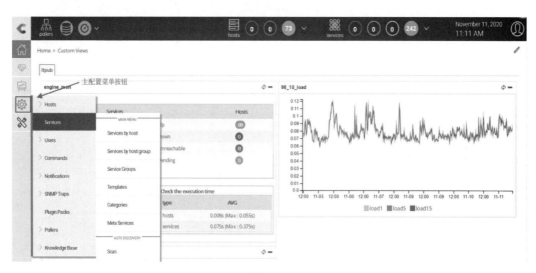

图 2-18

其他配置项如图 2-19 所示。

图 2-19

(3) 主展示区,即屏幕中间最大的一块区域。

Centreon 19 及以前的版本,手机访问管理后台,比 Centreon 20 版本的界面要友好一些,菜单按钮排布有些差异。

第 3 章 安装和部署 Centreon 20.10

安装 Centreon，可以用物理主机进行，也可以用虚拟机进行。笔者习惯在 Proxmox VE 平台进行安装部署，有利于快速迁移和故障恢复。不管是物理主机还是虚拟机安装部署，其过程基本相同。为适用各种使用环境，Centreon 提供两种安装方式：基于 ISO 镜像文件的便捷安装以及在操作系统之上进行安装。笔者推荐以 ISO 镜像文件进行安装（如图 3-1 所示），省时省力又不易出错。

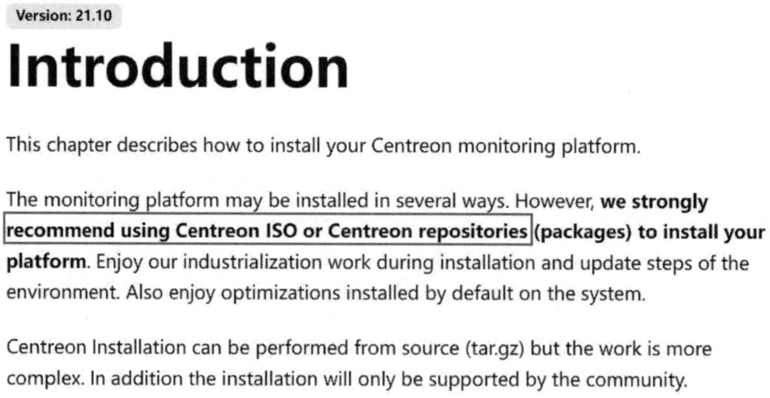

Version: 21.10

Introduction

This chapter describes how to install your Centreon monitoring platform.

The monitoring platform may be installed in several ways. However, **we strongly recommend using Centreon ISO or Centreon repositories** (packages) **to install your platform**. Enjoy our industrialization work during installation and update steps of the environment. Also enjoy optimizations installed by default on the system.

Centreon Installation can be performed from source (tar.gz) but the work is more complex. In addition the installation will only be supported by the community.

图 3-1

3.1 安装和部署需求

根据官方的推荐以及笔者实际运用可知，Centreon 监控平台所需要的资源配置是比较低的（如图3-2所示）。

The table below describes requirements for installing Centreon:

Number of Services	Estimated number of hosts	Number of pollers	Central	Poller
< 500	50	1 central	1 vCPU / 1 GB	
500 - 2000	50 - 200	1 central	2 vCPU / 2 GB	
2000 - 7000	200 - 700	1 central + 1 poller	4 vCPU / 4 GB	1 vCPU / 4 GB
7000 - 14000	700 - 1400	1 central + 1 poller	4 vCPU / 8 GB	2 vCPU / 4 GB
14000 - 21000	1400 - 2100	1 central + 2 pollers	4 vCPU / 8 GB	2 vCPU / 4 GB
21000 - 28000	2100 - 2800	1 central + 3 pollers	4 vCPU / 8 GB	2 vCPU / 4 GB

图 3-2

当前主流的物理服务器，标配的资源就比图 3-2 中的建议值高很多。如果是物理服务器，则需要考虑系统的可用性，比较可行的方法是增加冗余磁盘，做成 RAID 1 就能满足需求。如图 3-3 所示为某个生产环境的硬件配置，供大家参考。

图 3-3

对于分布式监控远端的 Poller 服务器，也采用与中心服务器一致的配置，虽然它运行的应用要少一些。不论是 CentreonCentral Server，还是远端 Poller，都建议专机专用，不要与其他应用混用。

对外服务的网络，中央监控服务器 CentreonCentral Server 与远端代理 Poller 最好都启用两个网卡，一个公网 IP，一个私有 IP，因为除了负载均衡器外，数据业务应该全部处于内网，以保证其安全性及系统间的高速访问。如图 3-4 所示是一个典型的监控网络架构，既监控本网，也监控远程受保护的网络。

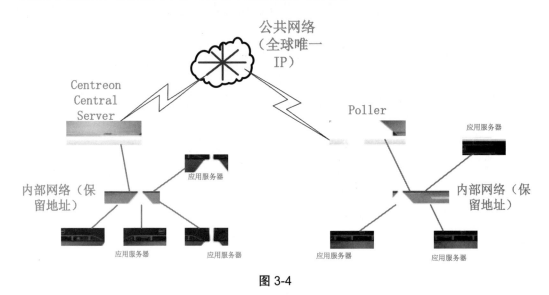

图 3-4

如果 CentreonCentral Server 处于内部网络，连接处于公网上的远端 Poller，则需要在边界网络做地址或端口映射。

3.2 安装前的准备工作

准备工作做得越充分，安装部署起来就越顺利。基于物理机的安装，可能会遇到 U 盘引导不成功的问题，这个要先做好测试，确保不要把时间浪费在这里。

那么，安装之前应该做哪些准备工作呢？根据作者经验，大概有如下几项：

- 规划资源。使用物理机还是虚拟机，分配 IP 地址，主机命名（用域名访问比较方便），监控对象清单，监控告警接收人名单，数据备份，等等。
- 做好决策。是用 ISO 文件安装，还是先安装好操作系统，再在其上安装 Centreon。
- 下载好最新的 Centreon 稳定版本，或者安装好与 Centreon 相匹配的操作系统。
- 准备好安装介质。U 盘或者光盘，用 UltraISO 工具，把 CentreonISO 文件刻录到 U 盘或者光盘，使其能正常引导安装。

● 物理机开机通电并连接好网络，或者虚拟机分配好资源，直接挂在 ISO 镜像作为启动设备（如图 3-5 所示）。

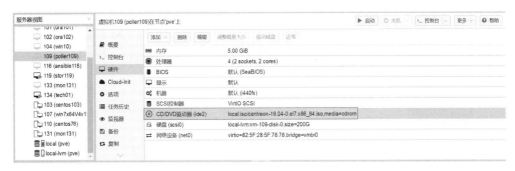

图 3-5

3.3 以 ISO 方式安装 Centreon

虚拟机与物理机安装过程差别不大，为了方便截图展示，这里以虚拟机为例进行介绍。

（1）引导系统，进入安装界面（典型的 CentOS 7 风格），如图 3-6 所示。

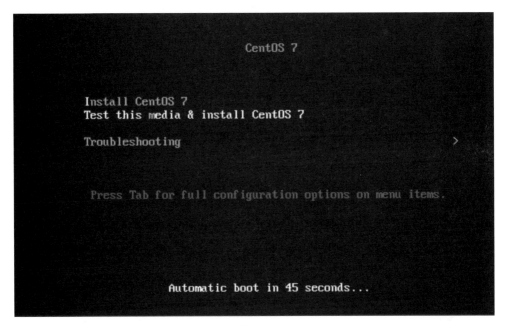

图 3-6

（2）选择默认语言：英语（如图 3-7 所示）。

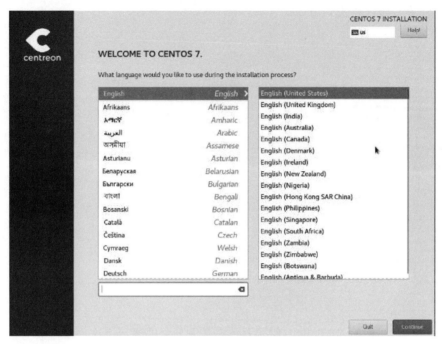

图 3-7

（3）选择组件（如图 3-8 所示）。这与标准的 CentOS 7 安装稍有差异。

图 3-8

（4）弹出安装类型界面，默认为"Central with database"（带数据库的中央监控服务器），单击"Done"按钮返回（如图 3-9 所示），返回以后，带感叹号黄色三角形警示标识消失。

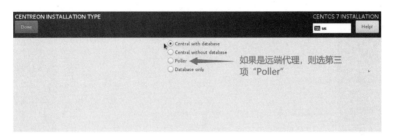

图 3-9

四个选项的基本含义如下：
- 带数据库的中央监控服务器（Central with database）：安装 Centreon（Web 界面和数据库）、监控引擎和 Broker。
- 带数据库的中央监控服务器（Central without database）：安装 Centreon（仅限 Web 界面）、监控引擎和 Broker。
- 安装轮询器（Poller）：仅限监控引擎和 Broker。
- 数据库（Database）：安装数据库服务器（如果已经安装了没有数据库选项的中央服务器）。

主安装界面还有一个带感叹号黄色三角形警示标识，单击该标识进行设置，如图 3-10 所示。

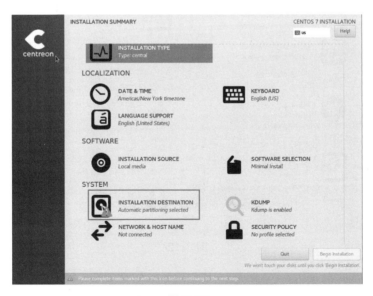

图 3-10

这个过程是选定系统及软件的安装位置。因为是专机专用，所有的磁盘都分配给 Centreon 使用，因此选择系统默认值就好，不再手动对磁盘进行分区（如图 3-11 所示）。

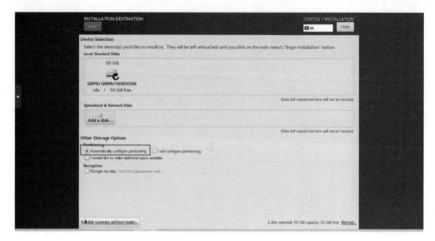

图 3-11

单击"Done"按钮，返回主安装界面，继续设置时区及网络（如图 3-12 所示）。虽然网络及时区可以在系统安装好以后随时设定，但在此图形界面设置，比系统运行后手动编辑文本文件更快捷高效，毕竟在命令行中手动输入容易出错。接下来仅以网络设置为例，为了节省篇幅，时区设置略过不表。

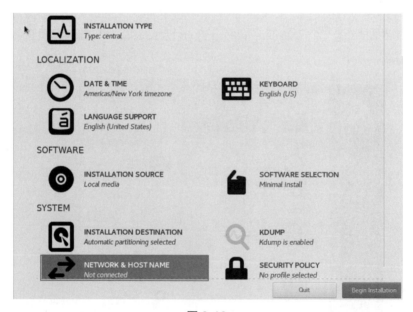

图 3-12

网络设置的步骤如下：

（1）设置主机名（如图 3-13 所示）。一个系统管理员可能要负责管理数以百计甚至更多的服务器系统，合理且易于辨识的名称（本例前缀 mon 为 monitor 缩写，103 为 IP 地址最后一段）有利于日常管理及维护。

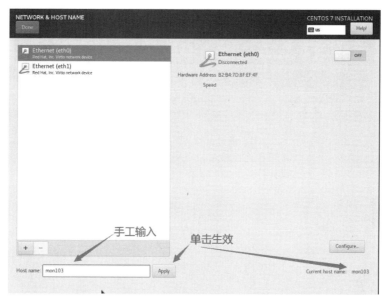

图 3-13

（2）启用网络连接（开机启动网络）。继续在此界面，按住鼠标左键滑动按钮，使 OFF 变成 ON（如图 3-14 所示）。

图 3-14

此开关的作用是确保网络接口文件 ifcfg-ethX 行的内容为"ONBOOT="yes""。

（3）设置网络参数。包括地址分配方法、IP 地址、子网掩码、网关、域名解析服务器地址（如图 3-15 所示）。

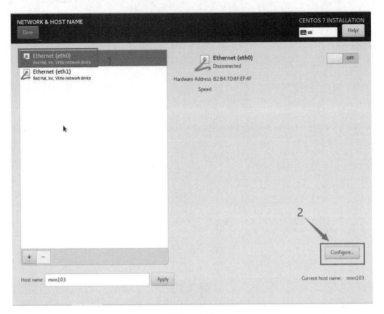

图 3-15

作为服务器，必须设置静态 IP 地址（如图 3-16 所示），并在管理文档或者表格中记录所设定的 IP 参数。

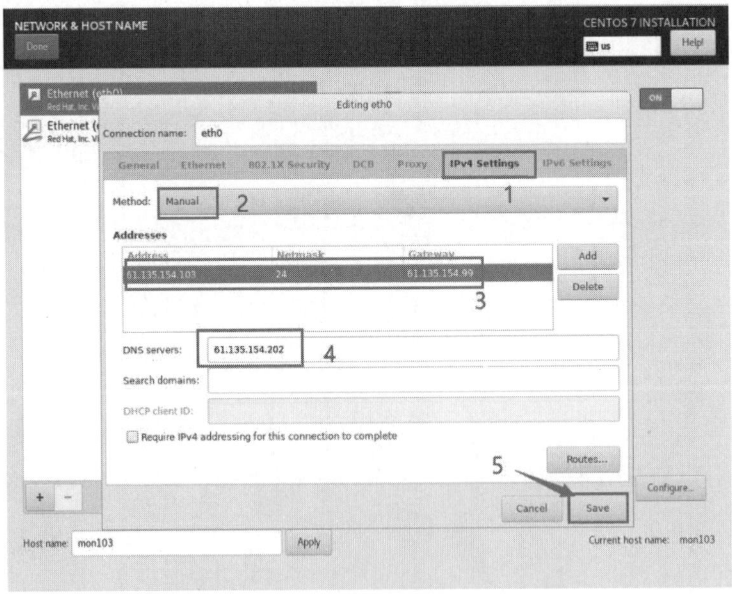

图 3-16

第二个网络接口（私有网络）设置与外网设置有些差异，即不设置默认网关及 DNS 域名解析服务器 IP 地址（如图 3-17 所示）。

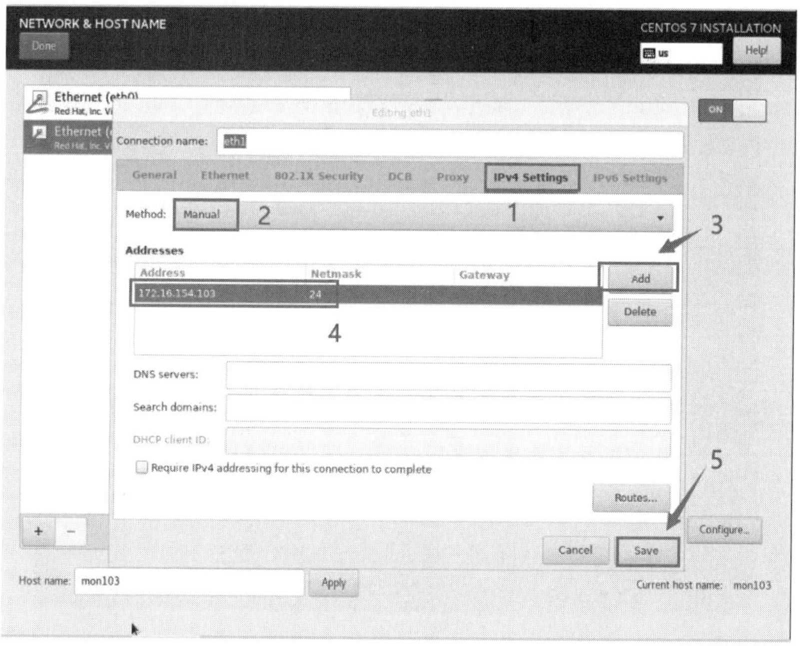

图 3-17

（4）保存设置好以后，返回上一界面，检查设置的有效性，如图 3-18 所示。

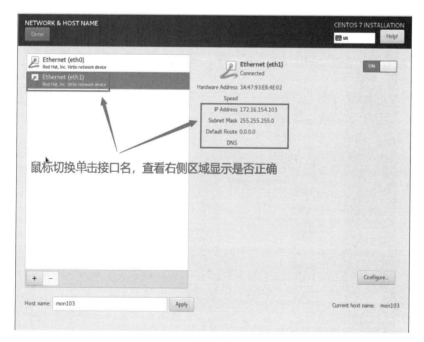

图 3-18

（5）确认网络设置没有问题后，单击"Done"按钮，返回主配置界面。如果有四个或者四个以上的网络接口，并且交换机支持主备模式，可考虑网卡建立 Bond 或者 Team。方法就是在网络配置界面单击"+"按钮，如图 3-19 所示。

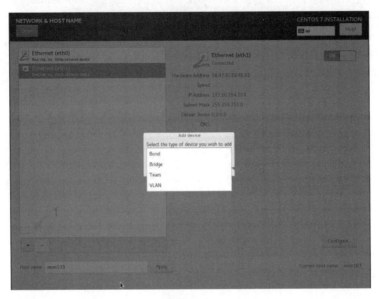

图 3-19

Bond 或 Team 的创建稍微麻烦一些，请参考 CentOS 手册，这里不再赘述。

（6）主界面仔细检查一下前面的设置，确认没问题后，单击"Begin Installation"按钮进行下一步（如图 3-20 所示）。

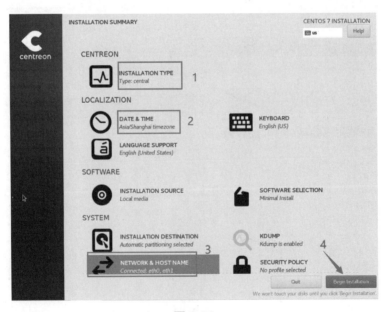

图 3-20

（7）安装复制过程，需要设定系统密码及创建其他用户。因为 Centreon 监控系统仅供系统管理员使用，因此只设置 root 密码即可（如图 3-21 所示）。

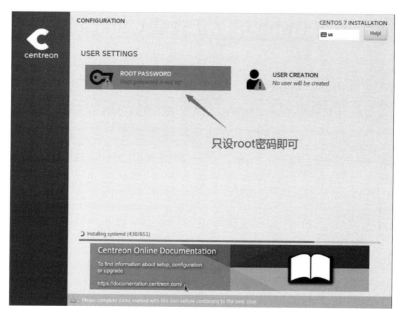

图 3-21

（8）监控系统暴露于公共网络中，为安全起见，设置的密码要复杂一些（如图 3-22 所示）。

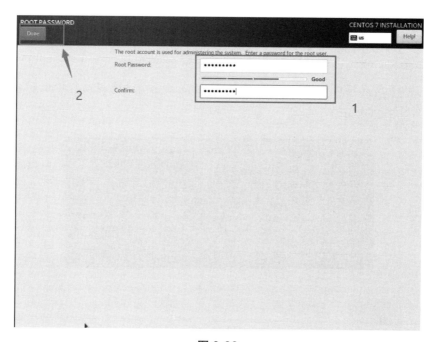

图 3-22

(9)数分钟以后,复制过程全部完成,重启系统,完成安装。

3.4 在操作系统 CentOS 7 上安装 Centreon

由前面的过程可知,ISO 镜像其实就是在安装 CentOS 操作系统,同时自动把 Centreon 相关的组件也安装到系统。在已经安装好的 CentOS 上安装部署 Centreon,无非是把过程进行拆分,逐步进行。有两种在操作系统之上部署 Centreon 的方式:一种是用 CentOS 的安装工具 Yum;另一种则是用源码编译安装。虽然源码安装的适用性更好,但其过程烦琐且难度大,生产环境不建议采用,效率低且容易出错。

3.4.1 安装 Centreon 的先决条件

安装 Centreon 的先决条件包括以下几条:
- 系统网络正常,能从内往外访问系统。最简单的方式是远端 Ping 此系统的 IP,以及登录 CentOS 去 Ping 知名网站的域名。
- 纯净的操作系统(没有部署别的应用及服务)。
- 关闭系统防火墙。
  - 禁止防火墙随系统启动,执行指令"systemctl disable firewalld"。
  - 关闭防火墙,执行指令"systemctl stop firewalld"。
  - 检查防火墙运行情况,执行指令"iptables-L-n",没有规则行输出则为有效(如图 3-23 所示)。

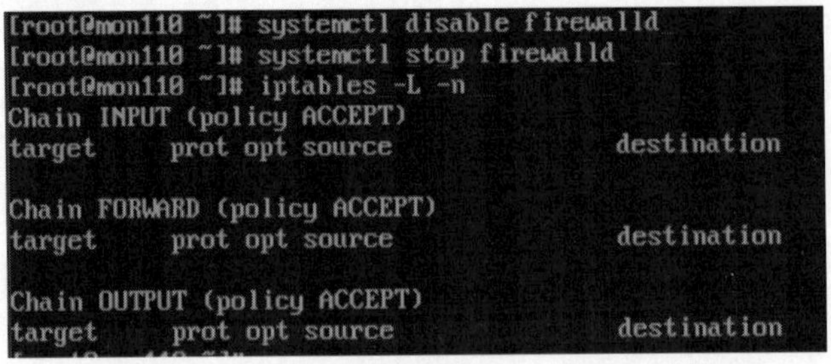

图 3-23

- 禁 Selinux。
  - 查看 Selinux 默认设定,执行指令 getenforce,默认输出一般为 Enforcing(如

图 3-24 所示），需要临时或者永久修改。

```
[root@mon110 ~]# getenforce
Enforcing
```

图 3-24

- 临时修改 Selinux 的值，执行指令 setenforce 0（如图 3-25 所示）。

```
[root@mon110 ~]# setenforce 0
[root@mon110 ~]# getenforce
Permissive
```

图 3-25

- 永久性修改 Selinux。修改或者编辑文件"/etc/sysconfig/selinux"，使其中的行值为"SELINUX=disabled"，重启系统生效。
- 可在终端中使用后面命令直接修改：sed -i s/^SELINUX=.*$/SELINUX=disabled/ /etc/selinux/config。
- 更新 CentOS 系统。执行命令 yum update-y。

3.4.2 准备 yum 安装源

由于操作比较简单，合并在一起执行，不单独说明。

```
yum install centos-release-scl
yum install -y \
http://yum.centreon.com/standard/20.10/el7/stable/noarch/RPMS/
centreon-release-20.10-2.el7.centos.noarch.rpm
yum install wget
```

执行完前两步后，在目录"/etc/yum.repo.d"生成如下几个文件（如图 3-26 所示），有兴趣的可以自行打开查看其内容。

```
[root@centreon38 yum.repos.d]# ll
total 44
-rw-r--r--. 1 root root 1664 Nov 23  2018 CentOS-Base.repo
-rw-r--r--. 1 root root 1309 Nov 23  2018 CentOS-CR.repo
-rw-r--r--. 1 root root  649 Nov 23  2018 CentOS-Debuginfo.repo
-rw-r--r--. 1 root root  314 Nov 23  2018 CentOS-fasttrack.repo
-rw-r--r--. 1 root root  630 Nov 23  2018 CentOS-Media.repo
-rw-r--r--. 1 root root  998 Dec 11 23:46 CentOS-SCLo-scl.repo
-rw-r--r--. 1 root root  971 Oct 29  2018 CentOS-SCLo-scl-rh.repo
-rw-r--r--. 1 root root 1331 Nov 23  2018 CentOS-Sources.repo
-rw-r--r--. 1 root root 5701 Nov 23  2018 CentOS-Vault.repo
-rw-r--r--. 1 root root 1736 Feb  1 17:22 centreon.repo
[root@centreon38 yum.repos.d]#
```

图 3-26

3.4.3 安装 CentreonCentral Server

在准备好安装源以后，仅需一条指令“yum install -y centreon centreon-database”就可以把 Centreon 本身及其依赖全部安装到系统中（如图 3-27 所示）。

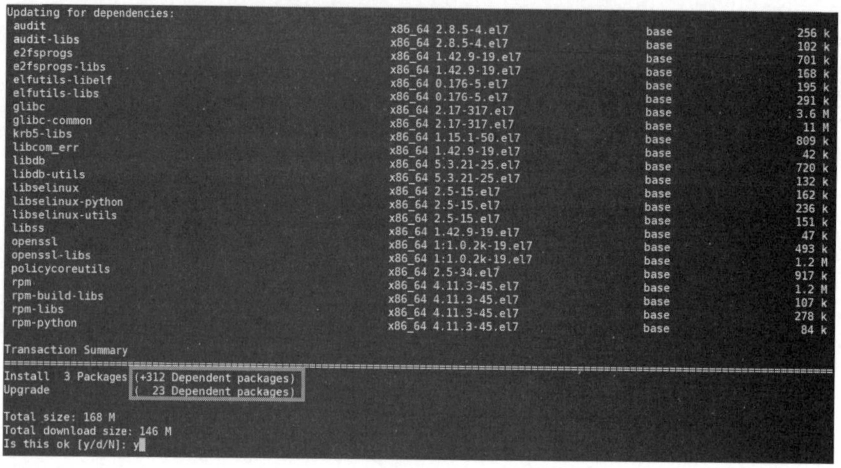

```
Updating for dependencies:
 audit                 x86_64 2.8.5-4.el7          base   256 k
 audit-libs            x86_64 2.8.5-4.el7          base   102 k
 e2fsprogs             x86_64 1.42.9-19.el7        base   701 k
 e2fsprogs-libs        x86_64 1.42.9-19.el7        base   168 k
 elfutils-libelf       x86_64 0.176-5.el7          base   195 k
 elfutils-libs         x86_64 0.176-5.el7          base   291 k
 glibc                 x86_64 2.17-317.el7         base   3.6 M
 glibc-common          x86_64 2.17-317.el7         base    11 M
 krb5-libs             x86_64 1.15.1-50.el7        base   809 k
 libcom_err            x86_64 1.42.9-19.el7        base    42 k
 libdb                 x86_64 5.3.21-25.el7        base   720 k
 libdb-utils           x86_64 5.3.21-25.el7        base   132 k
 libselinux            x86_64 2.5-15.el7           base   162 k
 libselinux-python     x86_64 2.5-15.el7           base   236 k
 libselinux-utils      x86_64 2.5-15.el7           base   151 k
 libss                 x86_64 1.42.9-19.el7        base    47 k
 openssl               x86_64 1:1.0.2k-19.el7      base   493 k
 openssl-libs          x86_64 1:1.0.2k-19.el7      base   1.2 M
 policycoreutils       x86_64 2.5-34.el7           base   917 k
 rpm                   x86_64 4.11.3-45.el7        base   1.2 M
 rpm-build-libs        x86_64 4.11.3-45.el7        base   107 k
 rpm-libs              x86_64 4.11.3-45.el7        base   278 k
 rpm-python            x86_64 4.11.3-45.el7        base    84 k

Transaction Summary
================================================================================
Install  3 Packages (+312 Dependent packages)
Upgrade             (  23 Dependent packages)

Total size: 168 M
Total download size: 146 M
Is this ok [y/d/N]: y
```

图 3-27

打开文件“/var/log/yum.log”，可看到此过程安装的所有的包（如图 3-28 所示）。

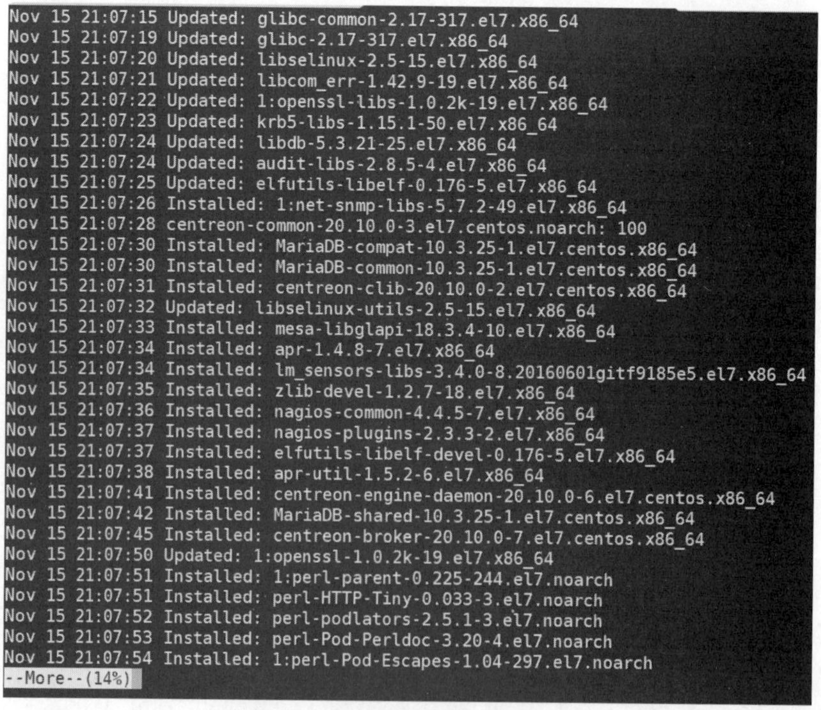

```
Nov 15 21:07:15 Updated: glibc-common-2.17-317.el7.x86_64
Nov 15 21:07:19 Updated: glibc-2.17-317.el7.x86_64
Nov 15 21:07:20 Updated: libselinux-2.5-15.el7.x86_64
Nov 15 21:07:21 Updated: libcom_err-1.42.9-19.el7.x86_64
Nov 15 21:07:22 Updated: 1:openssl-libs-1.0.2k-19.el7.x86_64
Nov 15 21:07:23 Updated: krb5-libs-1.15.1-50.el7.x86_64
Nov 15 21:07:24 Updated: libdb-5.3.21-25.el7.x86_64
Nov 15 21:07:24 Updated: audit-libs-2.8.5-4.el7.x86_64
Nov 15 21:07:25 Updated: elfutils-libelf-0.176-5.el7.x86_64
Nov 15 21:07:26 Installed: 1:net-snmp-libs-5.7.2-49.el7.x86_64
Nov 15 21:07:28 centreon-common-20.10.0-3.el7.centos.noarch: 100
Nov 15 21:07:30 Installed: MariaDB-compat-10.3.25-1.el7.centos.x86_64
Nov 15 21:07:30 Installed: MariaDB-common-10.3.25-1.el7.centos.x86_64
Nov 15 21:07:31 Installed: centreon-clib-20.10.0-2.el7.centos.x86_64
Nov 15 21:07:32 Updated: libselinux-utils-2.5-15.el7.x86_64
Nov 15 21:07:33 Installed: mesa-libglapi-18.3.4-10.el7.x86_64
Nov 15 21:07:34 Installed: apr-1.4.8-7.el7.x86_64
Nov 15 21:07:34 Installed: lm_sensors-libs-3.4.0-8.20160601gitf9185e5.el7.x86_64
Nov 15 21:07:35 Installed: zlib-devel-1.2.7-18.el7.x86_64
Nov 15 21:07:36 Installed: nagios-common-4.4.5-7.el7.x86_64
Nov 15 21:07:37 Installed: nagios-plugins-2.3.3-2.el7.x86_64
Nov 15 21:07:37 Installed: elfutils-libelf-devel-0.176-5.el7.x86_64
Nov 15 21:07:38 Installed: apr-util-1.5.2-6.el7.x86_64
Nov 15 21:07:41 Installed: centreon-engine-daemon-20.10.0-6.el7.centos.x86_64
Nov 15 21:07:42 Installed: MariaDB-shared-10.3.25-1.el7.centos.x86_64
Nov 15 21:07:45 Installed: centreon-broker-20.10.0-7.el7.centos.x86_64
Nov 15 21:07:50 Updated: 1:openssl-1.0.2k-19.el7.x86_64
Nov 15 21:07:51 Installed: 1:perl-parent-0.225-244.el7.noarch
Nov 15 21:07:51 Installed: perl-HTTP-Tiny-0.033-3.el7.noarch
Nov 15 21:07:52 Installed: perl-podlators-2.5.1-3.el7.noarch
Nov 15 21:07:53 Installed: perl-Pod-Perldoc-3.20-4.el7.noarch
Nov 15 21:07:54 Installed: 1:perl-Pod-Escapes-1.04-297.el7.noarch
--More--(14%)
```

图 3-28

因为要从网络下载大量的文件包,所花费的时间远比用 ISO 镜像文件安装费时费力,如果网络条件差一些的话,还有可能超时出错。

3.4.4 修改数据库 LimitNOFILE 限制(可选)

操作过程比较简单,为方便阅读,直接堆一起了。具体的命令如下:

```
mkdir -p  /etc/systemd/system/mariadb.service.d/
echo -ne "[Service]\nLimitNOFILE=32000\n" | tee /etc/systemd/system/mariadb.service.d/limits.conf
daemon-reload
```

重启数据库 MariaDB 验证其正确性,命令为"systemctl restart mysql"。

3.4.5 修改 PHP 时区

编辑文件"/etc/opt/rh/rh-php72/php.ini",找到行"; date.timezone =",去掉前面的注释符号";",然后使其为"date.timezone=Asia/Shanghai"(如图 3-29 所示)。这个值必须设定,不然后面在用 Web 进行下一步安装时会出错。

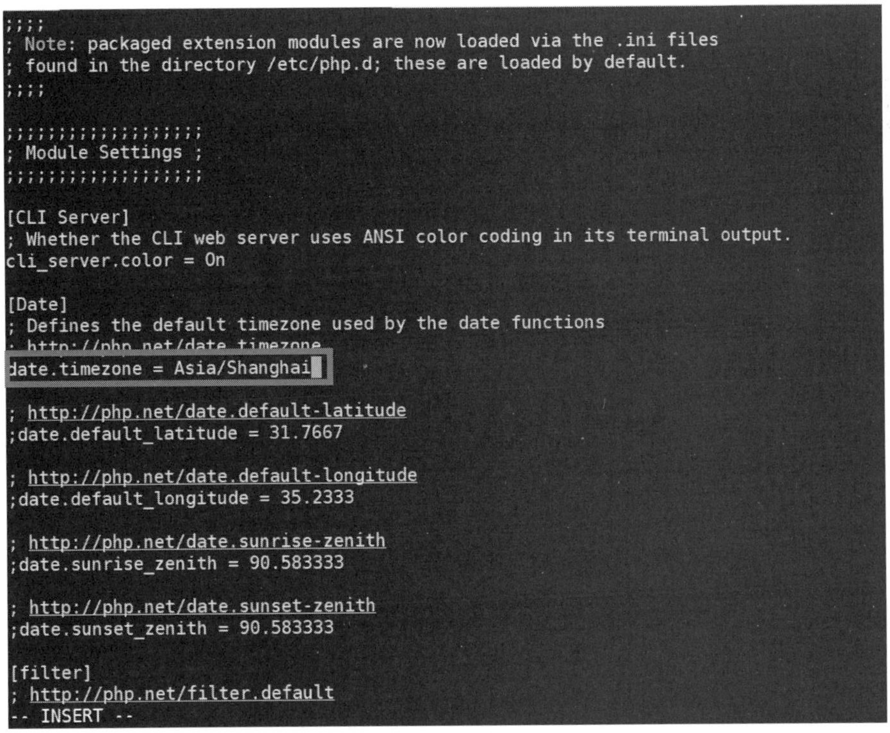

图 3-29

3.4.6 将所有相关服务设置成随系统开机启动

Centreon 监控大概与九个服务相关联,只有这些服务的绝大部分都已经正常启动,整个平台才能更好地工作,如果是单服务器方式,不涉及 Poller 分布式架构,可以少启动一些服务。当然,把这十来个服务都启动,也没什么坏处。请看下面的设定:

```
systemctl enable httpd24-httpd
systemctl enable snmpd
systemctl enable snmptrapd
systemctl enable rh-php72-php-fpm
systemctl enable gorgoned
systemctl enable centreontrapd
systemctl enable cbd
systemctl enable centengine
systemctl enable centreon
systemctl enable mariadb
```

3.4.7 启动所有服务

手动逐条执行"systemctl start <服务名>",验证服务的正确性。启动 PHP 时,如果出现不能正常启动的情况(如图 3-30 所示),很可能与 Selinux 有关,需要对其进行修改(参见前面的内容)。

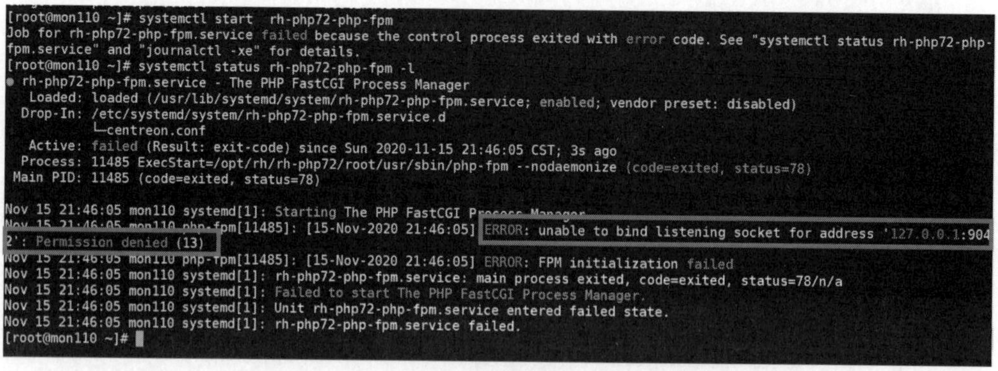

图 3-30

3.5 验证 Centreon 安装的正确性

不管是以 ISO 镜像文件方式安装部署 Centreon,还是在 CentOS 7 上部署 Centreon,

验证的方式都一样：启动相关服务，用远端系统的浏览器访问 Centreon 平台所在系统的 IP 地址，出现 Web 安装界面（如图 3-31 所示），即可初步认为安装成功。

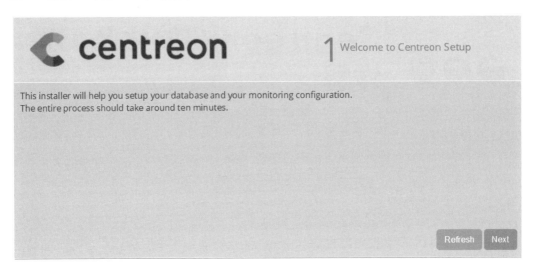

图 3-31

第 4 章 Centreon 初始化及配置详解

正确部署 Centreon，并且启动各相关服务以后，并不能马上投入使用，还需要对其进行相关的设置，比如数据库的初始化、管理账号的生成等。

4.1 Centreon 初始化设置

浏览器访问地址为 http: //172.16.98.36/centreon，如果页面不能访问，十有八九是 Selinux 的问题，登录系统修改文件"/etc/sysconfig/selinux"，把它设置成 disabled，重启后生效，再访问 Centreon 所在系统的 IP 地址（如图 4-1 所示）。

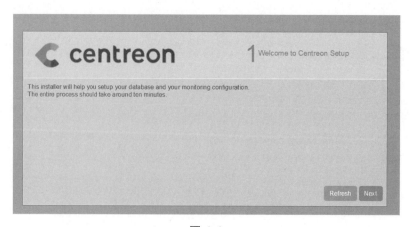

图 4-1

单击"Next"按钮，第二个依赖检查，要确保全部正确（如图4-2所示），才可以继续往下进行。

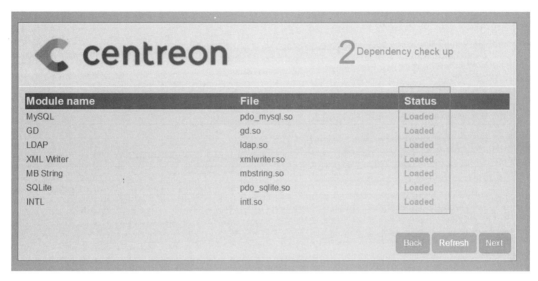

图 4-2

单击"Next"按钮，进入第三个界面"Monitoring engine information"，可以留意一下右侧编辑框的路径或目录（如图4-3所示），有利于日常维护。

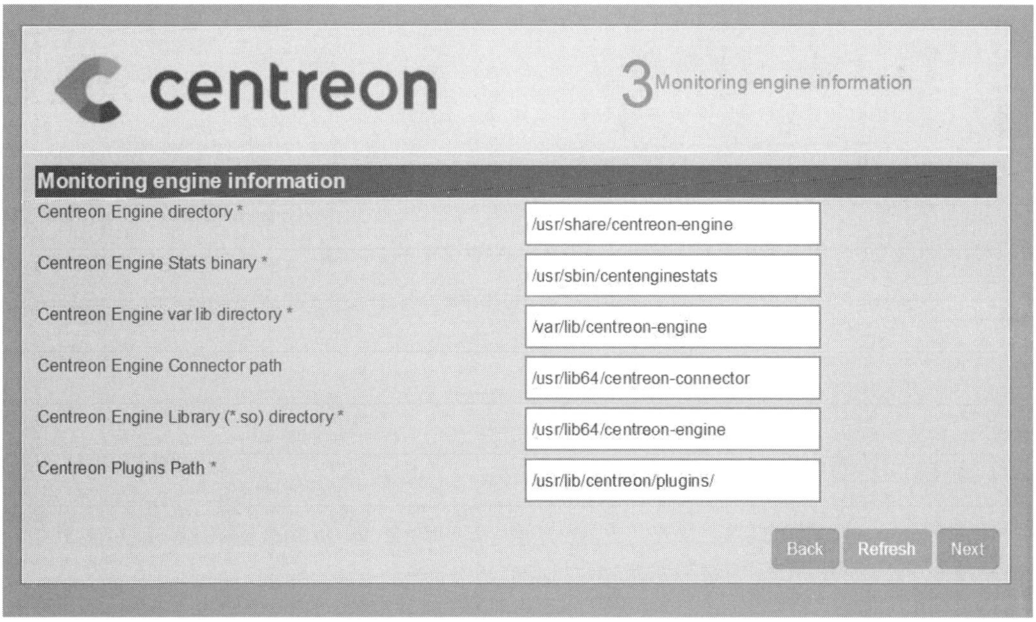

图 4-3

第四个界面是关于Centreon-broker的相关信息（如图4-4所示），也可以关注一下，知道其大致的情况，同样有利于后期的日常维护。

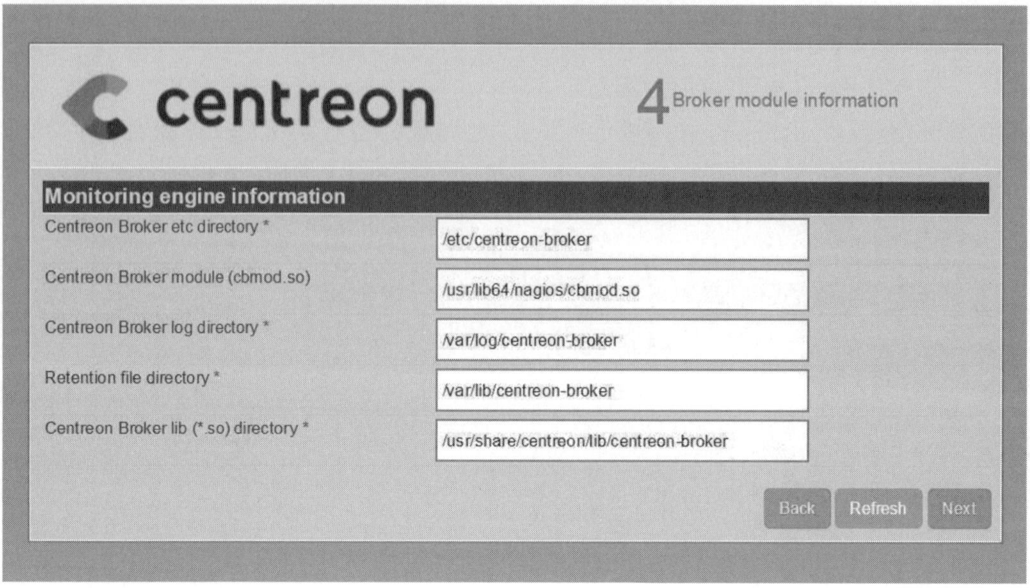

图 4-4

第五个界面,是管理账号设定(如图 4-5 所示)。如果是生产环境,请使用 Keepass 工具设置复杂的密码,以提高系统的安全性。

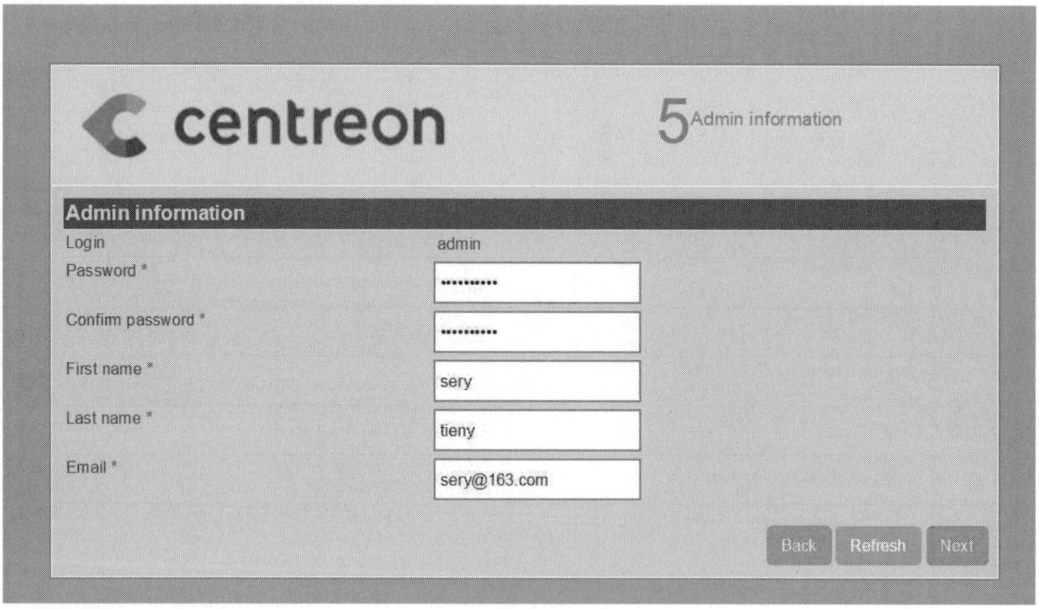

图 4-5

第六个界面,数据库连接信息设定(如图 4-6 所示)。注意:此时数据库使用的是空密码,需要消除这个安全隐患(Centreon 21.04 必须先手动设定 MariaDB 数据库 root 密码才可以进行后续操作)。

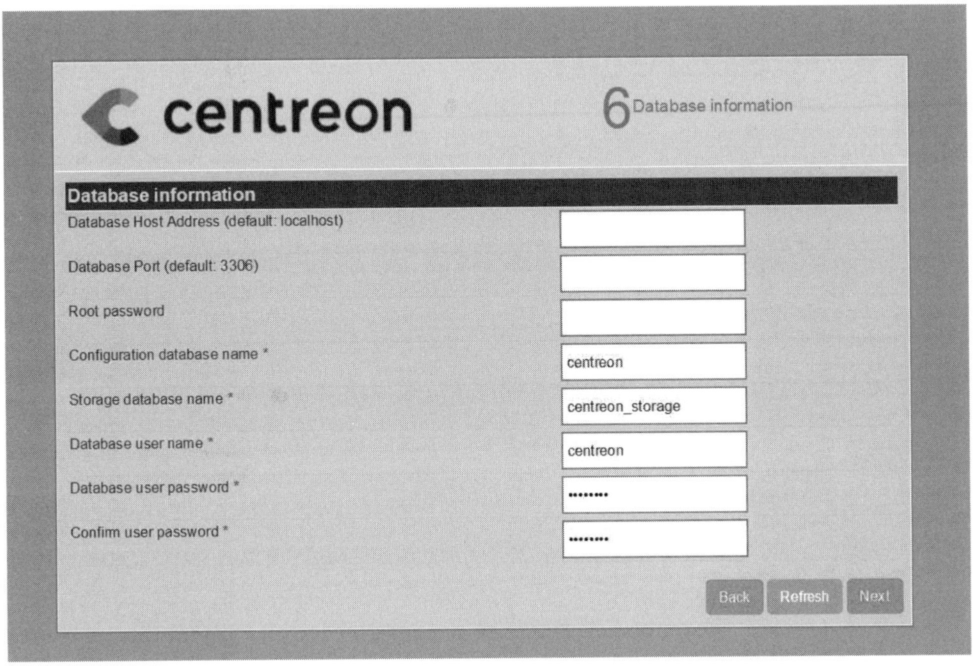

图 4-6

第七个界面是信息汇总,状态列如果全是绿色"OK"标识,就算大功告成了!图 4-7 中最后一项应用缓存在 Centreon 20 以前的版本中是不存在的。

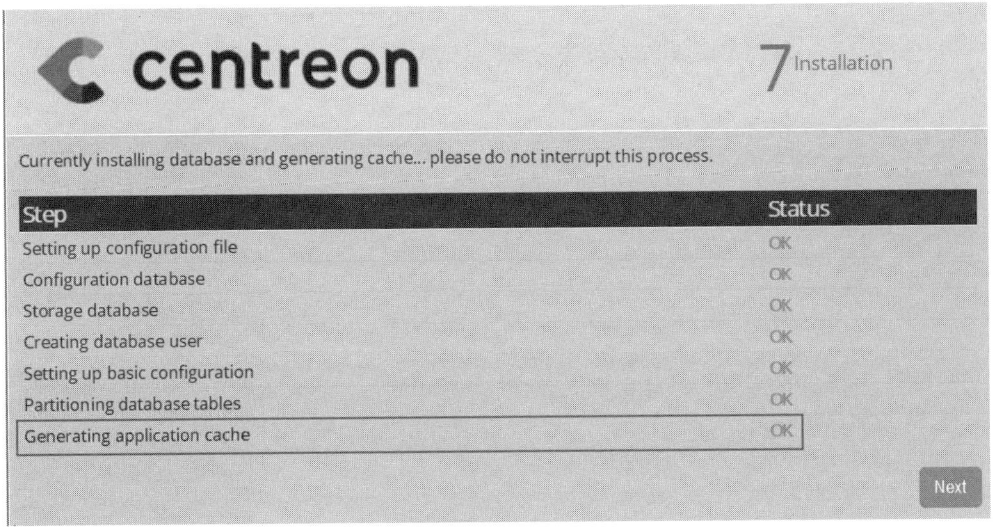

图 4-7

第八个界面为可选模块安装,一共有三个,可根据需要自行勾选,建议全部选上（如图 4-8 所示）。Centreon 19 版本只有模块（Module）所包含的三项,而 Centreon 18 则根本没有这个步骤。

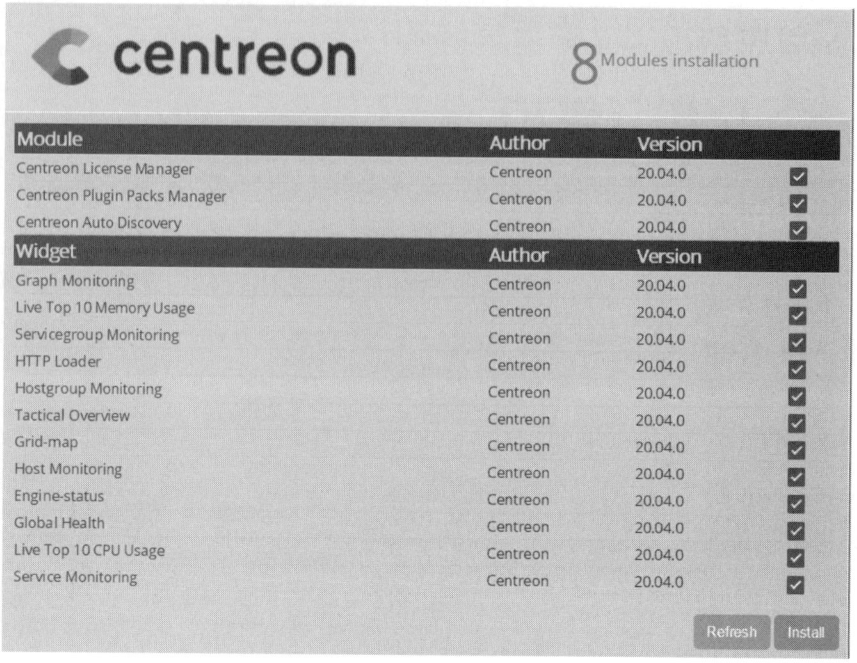

图 4-8

第九个界面为安装信息汇总，如果是 Centreon 19 版本，则会出现一个顾客体验改进计划，取消勾选它。单击"Finish"按钮完成安装，如图 4-9 所示。

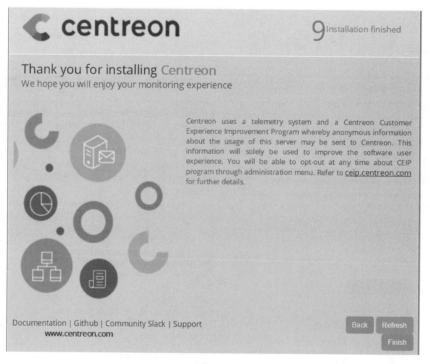

图 4-9

4.2 Centreon 20 相关信息初探

Centreon 在监控平台日常工作时，更多的是基于 Web 方式进行的，这使得管控变得简单。作为技术人员，更应该了解其背后的实质，才能快速有效地定位故障，解决运行中出现的各种问题。

4.2.1 Centreon 相关性账号

大概有 7 个与 Centreon 相关的账号，如图 4-10 所示。

```
mail:x:8:12:mail:/var/spool/mail:/sbin/nologin
operator:x:11:0:operator:/root:/sbin/nologin
games:x:12:100:games:/usr/games:/sbin/nologin
ftp:x:14:50:FTP User:/var/ftp:/sbin/nologin
nobody:x:99:99:Nobody:/:/sbin/nologin
centreon:x:999:999::/var/spool/centreon:/bin/bash
nagios:x:998:998::/var/spool/nagios:/sbin/nologin
systemd-network:x:192:192:systemd Network Management:/:/sbin/nologin
dbus:x:81:81:System message bus:/:/sbin/nologin
polkitd:x:997:996:User for polkitd:/:/sbin/nologin
centreon-broker:x:996:994::/var/lib/centreon-broker:/bin/bash
postfix:x:89:89::/var/spool/postfix:/sbin/nologin
apache:x:48:48:Apache:/usr/share/httpd:/sbin/nologin
mysql:x:995:992:MySQL server:/var/lib/mysql:/sbin/nologin
centreon-engine:x:994:991::/var/lib/centreon-engine:/bin/bash
sshd:x:74:74:Privilege-separated SSH:/var/empty/sshd:/sbin/nologin
chrony:x:993:990::/var/lib/chrony:/sbin/nologin
rpc:x:32:32:Rpcbind Daemon:/var/lib/rpcbind:/sbin/nologin
rpcuser:x:29:29:RPC Service User:/var/lib/nfs:/sbin/nologin
nfsnobody:x:65534:65534:Anonymous NFS User:/var/lib/nfs:/sbin/nologin
carbon:x:992:989:Carbon cache daemon:/var/lib/carbon:/sbin/nologin
centreon-gorgone:x:991:988::/var/lib/centreon-gorgone:/bin/bash
grafana:x:990:987:grafana user:/usr/share/grafana:/sbin/nologin
mysql-proxy:x:989:986:MySQL-Proxy user:/:/sbin/nologin
clamupdate:x:988:985:Clamav database update user:/var/lib/clamav:/sbin/nologin
```

图 4-10

其中四个 "centreon" 开头的账号具有 Shell，可以登录系统。

```
[root@mon105 ~]# more /etc/passwd | grep bash
root:x:0:0:root:/root:/bin/bash
centreon:x:998:997::/var/spool/centreon:/bin/bash
centreon-broker:x:996:995::/var/lib/centreon-broker:/bin/bash
centreon-engine:x:995:994::/var/lib/centreon-engine:/bin/bash
centreon-gorgone:x:993:990::/var/lib/centreon-gorgone:/bin/bash
```

接下来，讲解一下这些非 "root" 账号都与哪些进程或者服务相关联（如图 4-11 所示）。

```
userForLongName   PID    TIME CMD
polkitd           895 00:00:00 /usr/lib/polkit-1/polkitd --no-debug
dbus              907 00:00:00 /usr/bin/dbus-daemon --system --address=systemd: --nofork --nopidfile --systemd-activa
tion
chrony            910 00:00:00 /usr/sbin/chronyd
centreon-gorgo+   920 00:00:00 /usr/bin/perl /usr/bin/gorgoned --config=/etc/centreon-gorgone/config.yaml --logfile=/
var/log/centreon-gorgone/gorgoned.log --severity=info
centreon          923 00:00:00 /usr/bin/perl /usr/share/centreon/bin/centreontrapd --logfile=/var/log/centreon/centre
ontrapd.log --severity=error --config=/etc/centreon/conf.pm --config-extra=/etc/centreon/centreontrapd.pm
mysql            1305 00:00:11 /usr/sbin/mysqld
postfix          1348 00:00:00 pickup -l -t unix -u
postfix          1349 00:00:00 qmgr -l -t unix -u
centreon-gorgo+  1530 00:00:00 gorgone-nodes
centreon-gorgo+  1532 00:00:00 gorgone-dbcleaner
centreon-gorgo+  1544 00:00:00 gorgone-autodiscovery
centreon-gorgo+  1551 00:00:00 gorgone-cron
centreon-gorgo+  1558 00:00:00 gorgone-engine
centreon-gorgo+  1565 00:00:00 gorgone-statistics
centreon-gorgo+  1566 00:00:00 gorgone-action
centreon-gorgo+  1579 00:00:00 gorgone-httpserver
centreon-gorgo+  1580 00:00:01 gorgone-legacycmd
apache           1593 00:00:00 php-fpm: pool www
apache           1594 00:00:00 php-fpm: pool www
apache           1595 00:00:00 php-fpm: pool www
apache           1596 00:00:00 php-fpm: pool www
apache           1597 00:00:00 php-fpm: pool www
centreon-broker  1778 00:00:00 /usr/sbin/cbwd /etc/centreon-broker/watchdog.json
centreon-engine  1779 00:00:03 /usr/sbin/centengine /etc/centreon-engine/centengine.cfg
centreon-broker  1781 00:00:08 /usr/sbin/cbd /etc/centreon-broker/central-broker.json
centreon-broker  1782 00:00:04 /usr/sbin/cbd /etc/centreon-broker/central-rrd.json
```

图 4-11

从输出可以了解到进程所关联的配置文件，这些信息非常有利于日常维护和管理，需要知道其所在。Gorgone 进程或者服务，是 Centreon 20 以上版本才加入的，用于主控与 Poller 连接通信，可作为 SSH 通信的替代方案（如图 4-12 所示）。

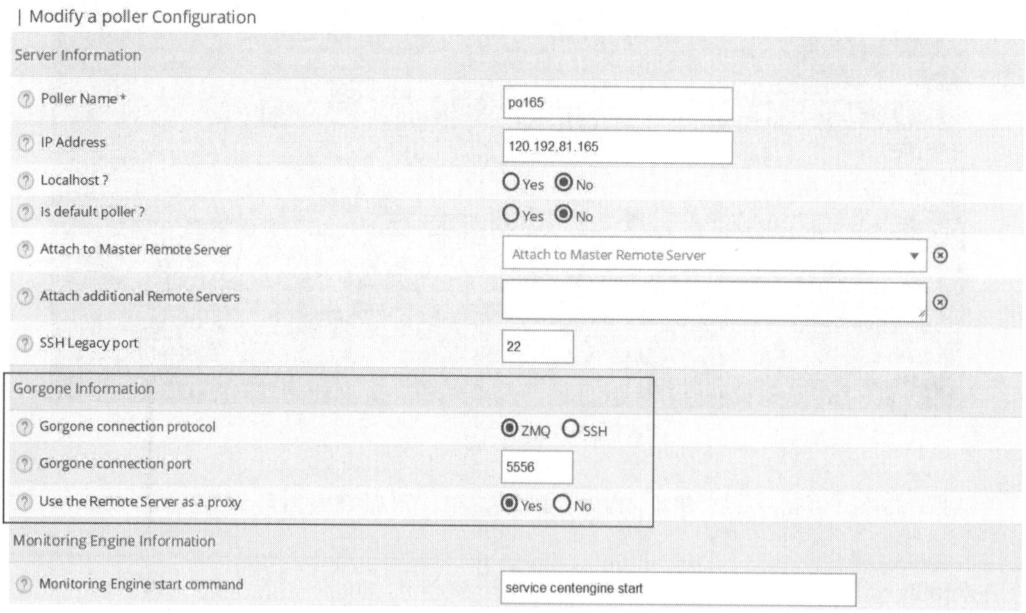

图 4-12

4.2.2 主要配置文件

通过查看进程，可以大致了解各服务所关联的配置文件。这里先从熟悉的 Apache 服务开始。

（1）Apache 配置文件及日志。主配置文件 httpd.conf 位于目录“/opt/rh/httpd24/root/etc/httpd”中，该文件定义 Apache 服务监听端口（80）、启动账号、包含文件所在的路径等。文件的最后一行“IncludeOptional conf.d/*.conf”为本文件的重点部分，顺着这个指引，进入目录“/opt/rh/httpd24/root/etc/httpd/conf.d”，查看其下有哪些文件及目录（如图 4-13 所示）。

```
[root@mon105 conf.d]# pwd
/opt/rh/httpd24/root/etc/httpd/conf.d
[root@mon105 conf.d]# ll
total 20
-rw-r--r--. 1 root root 1278 Apr 20  2020 10-centreon.conf
-rw-r--r--. 1 root root 2966 Dec 10  2019 autoindex.conf
-rw-r--r--. 1 root root  366 Dec 10  2019 README
-rw-r--r--. 1 root root 1252 Nov 14  2019 userdir.conf
-rw-r--r--. 1 root root  556 Nov 14  2019 welcome.conf
[root@mon105 conf.d]#
```

图 4-13

顾名思义，文件 10-centreon.conf 极有可能与 CentreonWeb 管理后台关系大，打开文件看一下（如图 4-14 所示）。

```
[root@mon105 httpd]# more conf.d/10-centreon.conf
#
# Section add by Centreon Install Setup
#
Alias /centreon/api /usr/share/centreon
Alias /centreon /usr/share/centreon/www/

<LocationMatch ^/centreon/(?!api/latest/|api/beta/|api/v[0-9]+/|api/v[0-9]+\.[0-9]+/)(.*\.php(/.*)?)$>
  ProxyPassMatch fcgi://127.0.0.1:9042/usr/share/centreon/www/$1
</LocationMatch>

<LocationMatch ^/centreon/api/(latest/|beta/|v[0-9]+/|v[0-9]+\.[0-9]+/)(.*)$>
  ProxyPassMatch fcgi://127.0.0.1:9042/usr/share/centreon/api/index.php/$1
</LocationMatch>

ProxyTimeout 300

<Directory "/usr/share/centreon/www">
    DirectoryIndex index.php
    Options Indexes
    AllowOverride all
    Order allow,deny
    Allow from all
    Require all granted
    <IfModule mod_php5.c>
        php_admin_value engine Off
    </IfModule>

    RewriteRule ^index\.html$ - [L]
    RewriteCond %{REQUEST_FILENAME} !-f
    RewriteCond %{REQUEST_FILENAME} !-d
```

关联到PHP

图 4-14

文件中，以“ProxyPassMatch”开头的行所在的文本块定义了后端 PHP 服务的端口及匹配规则。从这里可知，PHP 应该监听在本机的 9042 端口。另外，Apache 的日志文件 access_log 与 error_log 位于目录“/var/log/httpd24”中，在遇到

Web 不能正常工作时，通过查看 error_log 日志文件，可得到有用信息。

（2）PHP 配置文件及日志文件。主配置文件 php-fpm.conf 位于目录“/etc/opt/rh/rh-php72”中，该文件值得关注的部分是文件内容及日志文件路径（如图 4-15 所示）。

```
[root@mon105 rh-php72]# pwd
/etc/opt/rh/rh-php72
[root@mon105 rh-php72]# more php-fpm.conf
;;;;;;;;;;;;;;;;;;;;;
; FPM Configuration ;
;;;;;;;;;;;;;;;;;;;;;

; All relative paths in this configuration file are relative to PHP's install
; prefix.

; Include one or more files. If glob(3) exists, it is used to include a bunch of
; files from a glob(3) pattern. This directive can be used everywhere in the
; file.
include=/etc/opt/rh/rh-php72/php-fpm.d/*.conf

;;;;;;;;;;;;;;;;;;
; Global Options ;
;;;;;;;;;;;;;;;;;;

[global]
; Pid file
; Default Value: none
pid = /var/opt/rh/rh-php72/run/php-fpm/php-fpm.pid

; Error log file
; If it's set to "syslog", log is sent to syslogd instead of being written
; in a local file.
; Default Value: /var/opt/rh/rh-php72/log/php-fpm.log
error_log = /var/opt/rh/rh-php72/log/php-fpm/error.log

; syslog_facility is used to specify what type of program is logging the
; message. This lets syslogd specify that messages from different facilities
; will be handled differently.
```

图 4-15

PHP 日志文件 error.log 非常有利于排错，勿等闲视之。进入包含文件所在的目录“/etc/opt/rh/rh-php72/php-fpm.d”，此目录包含两个文件 www.conf 和 centreon.conf，根据文件名，基本可以判断有用信息一定在文件 centreon.conf 中（如图 4-16 所示）。

```
[root@mon105 php-fpm.d]# pwd
/etc/opt/rh/rh-php72/php-fpm.d
[root@mon105 php-fpm.d]# more centreon.conf
[centreon]
user = apache
group = apache
listen = 127.0.0.1:9042
listen.allowed_clients = 127.0.0.1
pm = ondemand
pm.max_children = 30
pm.process_idle_timeout = 10s
pm.max_requests = 500
rlimit_files = 4096
php_admin_value[error_log] = /var/opt/rh/rh-php72/log/php-fpm/centreon-error.log
php_admin_flag[log_errors] = on
php_value[session.save_handler] = files
php_value[session.save_path]    = /var/opt/rh/rh-php72/lib/php/session
php_value[soap.wsdl_cache_dir]  = /var/opt/rh/rh-php72/lib/php/wsdlcache
[root@mon105 php-fpm.d]#
```

图 4-16

PHP 监听端口为 9042，与 Apache 配置中的项相一致。

（3）数据库 MariaDB 参数文件及数据存储路径。主参数文件 /etc/my.cnf 仅有两行内容，其中一行为包含目录定义（如图 4-17 所示）。

```
[root@mon105 lib]# more /etc/my.cnf
#
# This group is read both both by the client and the server
# use it for options that affect everything
#
[client-server]
#
# include all files from the config directory
#
!includedir /etc/my.cnf.d
[root@mon105 lib]#
```

图 4-17

目录"/etc/my.cnf.d"下有好几个文件，有用的文件即 centreon.cnf，其内容如图 4-18 所示。

```
[root@mon105 ~]# cd /etc/my.cnf.d/
[root@mon105 my.cnf.d]# ls
centreon.cnf  client.cnf  enable_encryption.preset  mysql-clients.cnf  server.cnf
[root@mon105 my.cnf.d]# more centreon.cnf
#
# Custom MySQL/MariaDB server configuration for Centreon
#
[server]
innodb_file_per_table=1

open_files_limit = 32000

key_buffer_size = 256M
sort_buffer_size = 32M
join_buffer_size = 4M
thread_cache_size = 64
read_buffer_size = 512K
read_rnd_buffer_size = 256K
max_allowed_packet = 8M

# For 4 Go Ram
#innodb_additional_mem_pool_size=512M
#innodb_buffer_pool_size=512M

# For 8 Go Ram
#innodb_additional_mem_pool_size=1G
#innodb_buffer_pool_size=1G
[root@mon105 my.cnf.d]#
```

图 4-18

这个文件没有定义数据目录路径"datadir"，该路径在脚本文件"/var/lib/mysql"中指定（如图 4-19 所示）。

```
# Set some defaults
mysqld_pid_file_path=
if test -z "$basedir"
then
  basedir=/usr
  bindir=/usr/bin
  if test -z "$datadir"
  then
    datadir=/var/lib/mysql
  fi
  sbindir=/usr/sbin
  libexecdir=/usr/sbin
else
  bindir="$basedir/bin"
  if test -z "$datadir"
  then
    datadir="$basedir/data"
  fi
  sbindir="$basedir/sbin"
  if test -f "$basedir/bin/mysqld"
  then
    libexecdir="$basedir/bin"
  else
/datadir
```

图 4-19

如果选项文件"/etc/my.cnf.d/centreon.cnf"没有明确指定 datadir，那么用户数据自然就存放于目录"/var/lib/mysql"中（如图 4-20 所示），包括错误日志（主机名加后缀 .err）。

```
[root@mon135 mysql]# ll
total 189236
-rw-rw----. 1 mysql mysql    16384 Nov 23 11:57 aria_log.00000001
-rw-rw----. 1 mysql mysql       52 Nov 23 11:57 aria_log_control
drwx------  2 mysql mysql    16384 Nov 23 12:07 centreon
drwx------  2 mysql mysql    65536 Dec  6 04:00 centreon_storage
-rw-rw----  1 mysql mysql    36864 Dec  6 04:00 ddl_log.log
-rw-rw----  1 mysql mysql    14396 Nov 23 11:57 ib_buffer_pool
-rw-rw----. 1 mysql mysql 79691776 Dec  6 12:13 ibdata1
-rw-rw----  1 mysql mysql 50331648 Dec  6 12:13 ib_logfile0
-rw-rw----  1 mysql mysql 50331648 Dec  6 12:13 ib_logfile1
-rw-rw----  1 mysql mysql 12582912 Nov 23 11:58 ibtmp1
-rw-rw----  1 mysql mysql   614460 Nov 23 11:09 mon135.███████.com.err
-rw-rw----  1 mysql mysql        5 Nov 23 11:58 mon135.pid
-rw-rw----  1 mysql mysql        0 Oct  9  2018 multi-master.info
drwx--x--x. 2 mysql mysql     4096 Nov 23 11:08 mysql
srwxrwxrwx  1 mysql mysql        0 Nov 23 11:58 mysql.sock
-rw-r--r--  1 mysql mysql       16 Nov 23 11:09 mysql_upgrade_info
drwx------  2 mysql mysql       20 Nov 23 11:08 performance_schema
-rw-rw----  1 mysql mysql    24576 Nov 23 11:58 tc.log
drwxr-xr-x. 2 mysql mysql        6 Oct  9  2018 test
```

图 4-20

（4）Centreon 系列配置文件。在"/etc"目录下，有四个以 centreon 开头的目录（如

图 4-21 所示），分别是 centreon、centreon-broker、centreon-engine、centreon-gorgone。

```
[root@mon105 etc]# pwd
/etc
[root@mon105 etc]# ls -ld centreon*
drwxrwxr-x. 4 centreon         centreon          203 Nov 20 20:00 centreon
drwxrwxr-x. 2 centreon-broker  centreon-broker   131 Nov 23 00:02 centreon-broker
drwxrwxr-x. 3 centreon-engine  centreon-engine  4096 Nov 23 00:02 centreon-engine
drwxr-xr-x. 3 centreon-gorgone centreon-gorgone   41 Nov 20 19:44 centreon-gorgone
```

图 4-21

- centreon 目录。此目录中的文件与 Web 管理后台相关，里面有 PHP 脚本连接数据库所需要的信息，如数据库主机名、数据库名、用户名等。简单粗暴地删除文件 centreon.conf.php，Centreon Web 后台管理将不能正常工作（如图 4-22 所示）。

SQLSTATE[HY000] [2002] php_network_getaddresses:
getaddrinfo failed: Name or service not known

Refresh Here

图 4-22

- centreon-broker 目录。此目录的文件与 Cbd 服务相关（如图 4-23 所示）。

```
[root@mon105 centreon-broker]# systemctl status cbd -l
● cbd.service - Centreon Broker watchdog
   Loaded: loaded (/usr/lib/systemd/system/cbd.service; enabled; vendor preset: disabled)
   Active: active (running) since Sun 2020-12-06 04:06:17 EST; 12min ago
 Main PID: 1630 (cbwd)
   CGroup: /system.slice/cbd.service
           ├─1630 /usr/sbin/cbwd /etc/centreon-broker/watchdog.json
           ├─1667 /usr/sbin/cbd  /etc/centreon-broker/central-broker.json
           └─1668 /usr/sbin/cbd  /etc/centreon-broker/central-rrd.json

Dec 06 04:06:17 mon105 systemd[1]: Started Centreon Broker watchdog.
Dec 06 04:06:19 mon105 cbwd[1630]: [1607245579] config: log applier: applying 1 logging objects
Dec 06 04:06:19 mon105 cbwd[1630]: [1607245579] config: log applier: applying 1 logging objects
```

图 4-23

- centreon-engine 目录。此目录为监控对象存储路径，如 hosts.cfg、services.cfg，有 Nagios 使用经验的系统管理看到这些是不是觉得很眼熟？Nagios 需要用手动或者脚本编写这些配置文件，但是 Centreon 不需要这样处理，它从数据库获取所需的数据，然后自动生成相应的配置文件。数据生成的大致流程为：Web 界面添加监控对象 → 数据写入数据库 → Cbd 输出数据到相应的配置文件。centreon-engine 目录里的各配置文件，随系统初始化完毕后自动生成（只有注释），不需要逐个手动创建。而 centreon-engine 主配置文件 centengine.cfg 是预先自动定义好的（如图 4-24 所示）。

```
##########################################################
#                                                        #
#       Last modification 2020-11-27 12:32               #
#       By sery_tieny                                    #
#                                                        #
##########################################################
cfg_file=/etc/centreon-engine/hostTemplates.cfg
cfg_file=/etc/centreon-engine/hosts.cfg
cfg_file=/etc/centreon-engine/serviceTemplates.cfg
cfg_file=/etc/centreon-engine/services.cfg
cfg_file=/etc/centreon-engine/commands.cfg
cfg_file=/etc/centreon-engine/contactgroups.cfg
cfg_file=/etc/centreon-engine/contacts.cfg
cfg_file=/etc/centreon-engine/hostgroups.cfg
cfg_file=/etc/centreon-engine/servicegroups.cfg
cfg_file=/etc/centreon-engine/timeperiods.cfg
cfg_file=/etc/centreon-engine/escalations.cfg
cfg_file=/etc/centreon-engine/dependencies.cfg
cfg_file=/etc/centreon-engine/connectors.cfg
cfg_file=/etc/centreon-engine/meta_commands.cfg
cfg_file=/etc/centreon-engine/meta_timeperiod.cfg
cfg_file=/etc/centreon-engine/meta_host.cfg
cfg_file=/etc/centreon-engine/meta_services.cfg
broker_module=/usr/lib64/nagios/cbmod.so /etc/centreon-broker/po165-module.json
broker_module=/usr/lib64/centreon-engine/externalcmd.so
interval_length=60
use_timezone=:Asia/Shanghai
resource_file=/etc/centreon-engine/resource.cfg
log_file=/var/log/centreon-engine/centengine.log
status_file=/var/log/centreon-engine/status.dat
status_update_interval=30
external_command_buffer_slots=4096
command_check_interval=2s
command_file=/var/lib/centreon-engine/rw/centengine.cmd
state_retention_file=/var/log/centreon-engine/retention.dat
retention_update_interval=60
sleep_time=0.5
service_inter_check_delay_method=s
host_inter_check_delay_method=s
service_interleave_factor=2
```

图 4-24

- centreon-gorgone 目录。主要配置文件为"/etc/centreon-gorgone/config.d/40-gorgoned.yaml."，此文件与远端 Poller 的 Gorgone 相对应，用于主控 CentreonCentral 与远端 Poller 的连接认证，配置操作主要在远端 Poller 进行。

四个 centreon 开头的服务的日志文件路径全部位于目录"/var/log"，目录名以 centreon 开头（如图 4-25 所示）。

```
[root@mon135 log]# pwd
/var/log
[root@mon135 log]# ls -ald centreon*
drwxrwxr-x. 3 centreon        centreon          24576 Dec  6 03:41 centreon
drwxrwxr-x. 2 centreon-broker centreon-broker    8192 Nov 25 03:33 centreon-broker
drwxr-xr-x. 3 centreon-engine centreon-engine     107 Dec  6 18:12 centreon-engine
drwxr-xr-x  2 centreon-gorgone centreon-gorgone    55 Oct 20 01:17 centreon-gorgone
[root@mon135 log]#
```

图 4-25

当故障发生时，在这些目录中查看日志，是一个非常有效的排错方法。

4.3 Web 管理后台登录

从前面的 Apache 配置部分，了解到 Web 的监听端口为 80，直接在浏览器地址栏输入 Centreon 所在系统的 IP 地址，登录窗口输入初始化阶段设定的用户名 admin 及密码。验证通过以后，进入主管理界面。有的浏览器可能会出现显示异常的情况，比如出现如图 4-26 所示的滚动条，可通过更换浏览器临时解决。

图 4-26

再来看正常显示的浏览器页面，直观很多，如图 4-27 所示。

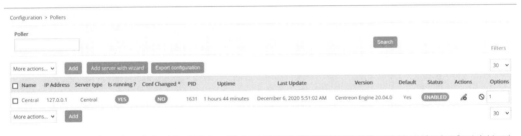

图 4-27

4.4 注意事项

为确保顺利地把 Centreon 部署在生产环境，请关注如下事项。

- 因 Centreon 涉及的服务端口较多，一般不建议使用主机防火墙以及开启 selinux。
- 在分布式监控架构中，如果远端 Poller 处于不同的地理位置，需要确保 CentreonCentral 与 Poller 能直接互访。单向 NAT 方式虽然可以访问到远端公网上的 Poller，但 Poller 很可能访问不到内部的 CentreonCentral，这将会使 Cbd 服务不能正常工作（如图 4-28 所示）。

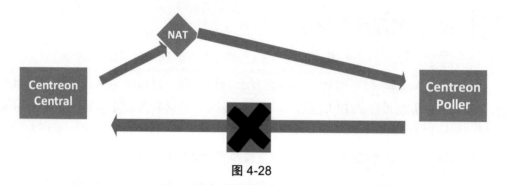

图 4-28

- 确保所有相关服务都随系统开机启动。对于以 ISO 镜像文件安装的系统，不需要做什么处理，而基于 CentOS 系统以 yum 安装的 Centreon，一定要逐项检查，不要有遗漏。

第 5 章 部署第一个监控实例

有了 CentreonWeb 管理界面，再也不需要像原生 Nagios 那样手动编辑各种文本文件，这些操作绝大部分可以在浏览器页面进行，非常直观，而且也能减少手动输入字符的错误。接下来，假定一个场景：一个空白干净的 Centreon 监控某个远端主机是否存活。

这里，不按照规矩"出牌"（即不事先安装基本插件，不对管理员账号做修改等），而是在操作中故意遇到障碍，以排除故障作为操作路径，加深大家对 Centreon 的认识和理解，这样可能对初学者更有帮助。

如果没有特殊说明，默认操作在浏览器里进行，同时确定，Centreon 所有相关的服务处于启动状态，比如 Centengine、Cbd 等。

5.1 添加主机

单击左侧菜单"配置"按钮（齿轮图标）→子菜单"hosts"→二级子菜单"hosts"，如图 5-1 所示。

图 5-1

出现添加主机配置操作界面,单击"Add"按钮(如图 5-2 所示)。

图 5-2

界面中有两个"Add"按钮,两个按钮对应的操作都是一样的,可以随便选一个。在下一个界面,带星号的项必须填写或者选定(如图 5-3 所示)。

图 5-3

填 Name 字段时,如果字符之间有空格,如 stor109 server,则系统会自动在第一个单词的结尾处用下画线把两个单词连接在一起,如 stor199_server。为了方便维护,也可以直接输入中文字符。滚动条往下拉,"Host check options"主机检查选项,"Check Command"是一个单选下拉列表框,用来指定主机存活所使用的命令(如图 5-4 所示)。

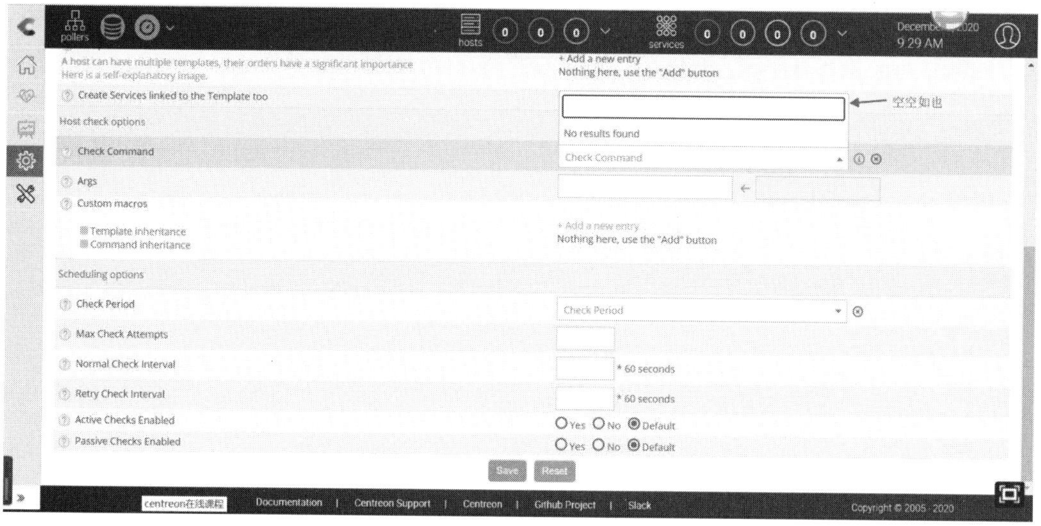

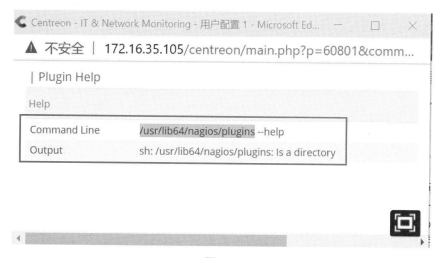

图 5-4

单击下拉列表框，什么也没有，到这步，就卡住了，要继续往下，得先解决这个问题。单击列表框右侧的中间有字母"i"的图标，弹出新的页面窗口如图 5-5 所示。

图 5-5

从上面这个提示大致可以判断，可能是缺少插件。关闭提示页面，返回到主管理界面，单击配置菜单的子菜单 " Plugin Packs"（如图 5-6 所示），确保系统可以访问互联网。

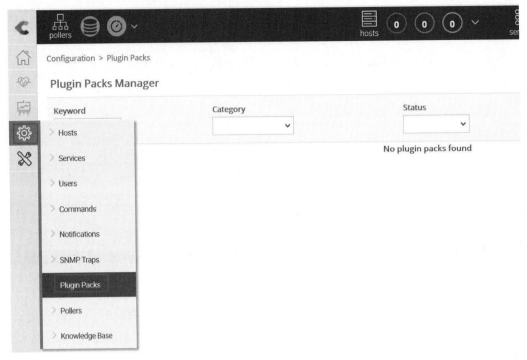

图 5-6

等待片刻,会出现很多可用的插件包(如图 5-7 所示),看起来很丰富,实际场景中,用得上的没几个,更多的时候,可能需要手动写插件来满足特定的需求。

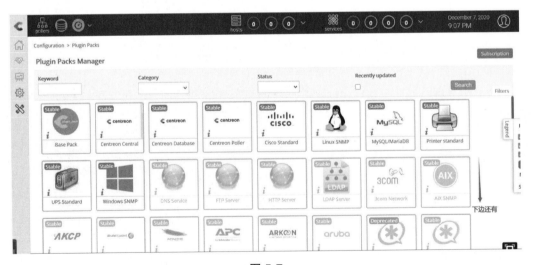

图 5-7

第一个图标,名字为"BasePack",鼠标指针放在上面,会有一个加号"+"向左展现(其他图标也一样),单击这个加号"+"就是安装此插件。整个图标是个超链接,单击它可以看到此插件更详细的信息(如图 5-8 所示)。

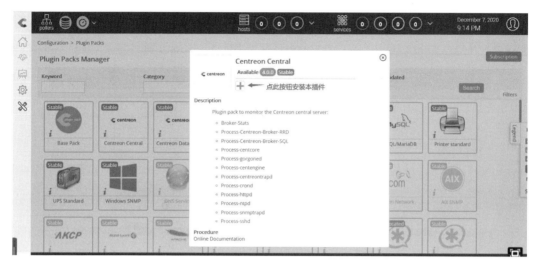

图 5-8

安装好插件以后，图标的形状变了，右上角多了个钩（如图 5-9 所示）。

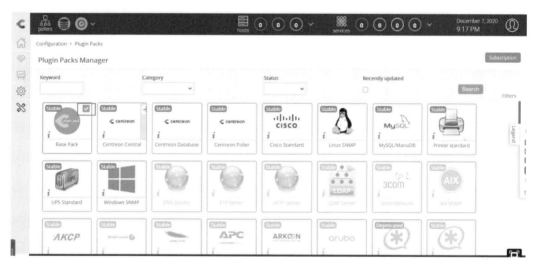

图 5-9

如果不再需要这个插件，可以单击图标的叉号按钮（如图 5-10 所示）。

图 5-10

插件安装成功，返回到添加主机界面，看命令选项的下拉列表框是否有内容（如图 5-11 所示）。

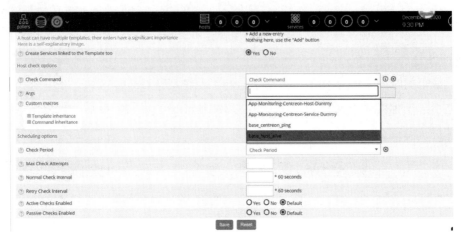

图 5-11

确实有内容了，说明解决思路和方法是对的。这里选"base_host_alive"，再把其他编辑框填上或者选取上（如图 5-12 所示）。

图 5-12

调度选项这几个值，在这里简单做一个说明：
- Check Period（检查周期）。重要业务，全天候 24 小时监控。
- Max Check Attempts（最大重试次数）。此机制可有效避免因网络抖动等原因造成系统误报，或者频繁报警的问题。此处设置为"3"，表示探测 3 次监控对象都处于初装状态，就发出警示告警（监控页面图标的颜色、发送告警邮件等）。

- Normal Check Interval（正常检查时间间隔）。两次监控探测执行的时间间隔，单位为分钟。
- Retry Check Interval（重试检查间隔时间）。定义被监控的主机故障被探测到后，监控服务器再次去探测该主机状态的时间间隔。

以上几个设置下，监控系统探测到主机发生故障到正式认为主机真宕机并发出告警，所经历的时间大概是 9 分钟。

先不急于保存上述设置，等下一个“Notification”设置完以后，再单击“Save”按钮保存（如图 5-13 所示）。

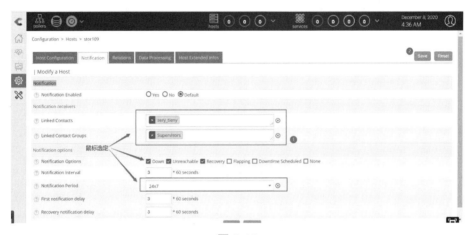

图 5-13

保存完毕以后，登录系统，查看数据库是否有写入。抽取数据库 Centreon 的表单“ host”，浏览其字段定义，然后再进行记录查询，使用的指令为：

```
MariaDB [(none)]> use centreon
MariaDB [centreon]> show tables;
MariaDB [centreon]> desc host;
MariaDB [centreon]> select host_id,host_name,host_address from host;
```

查询的输出如图 5-14 所示。

```
MariaDB [centreon]> select host_id,host_name,host_address, host_notification_options   from host;
+---------+-----------------------------+--------------+---------------------------+
| host_id | host_name                   | host_address | host_notification_options |
+---------+-----------------------------+--------------+---------------------------+
|      28 | generic-active-host         | NULL         | NULL                      |
|      29 | generic-active-host-custom  | NULL         | NULL                      |
|      30 | generic-passive-host        | NULL         | NULL                      |
|      31 | generic-passive-host-custom | NULL         | NULL                      |
|      32 | generic-dummy-host          | NULL         | NULL                      |
|      33 | generic-dummy-host-custom   | NULL         | NULL                      |
|      34 | Generic-Active-Cloud-Host   | NULL         | NULL                      |
|      35 | Generic-Active-Cloud-Host-custom | NULL    | NULL                      |
|      36 | stor109                     | 172.16.35.109 | d,u,r                    |
+---------+-----------------------------+--------------+---------------------------+
9 rows in set (0.000 sec)

MariaDB [centreon]>
```

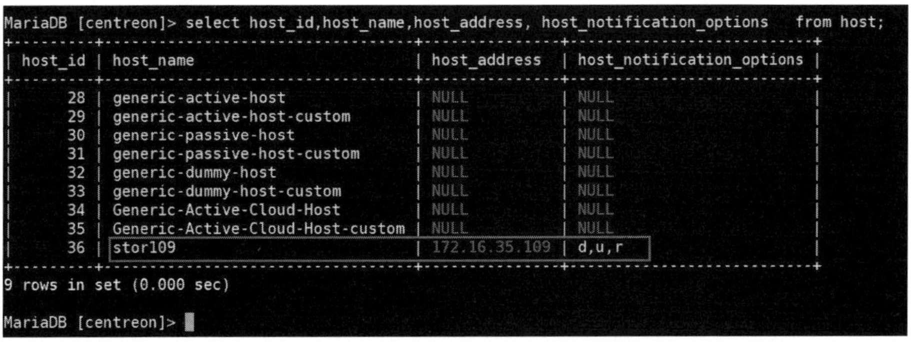

图 5-14

从输出记录可知，在 Web 页面进行的操作，确实把相关设定写入了数据库。

5.2 添加依附于主机的服务

主 Web 管理界面，菜单进入"Configuration"→"Services"→"Service by host"（如图 5-15 所示）。需要注意的是，必须先添加主机，才能在其上添加服务。

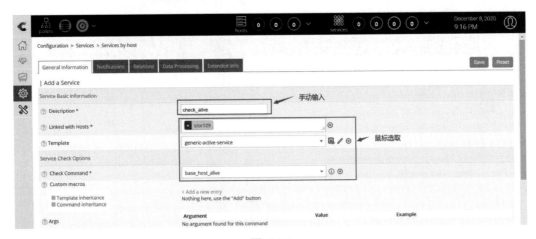

图 5-15

描述这个编辑框，尽量用可以看得懂的文字（如图 5-16 所示），方便日常管理。好的命名有事半功倍的作用，即便部署监控的人不在，其他得到授权的同事，也能明白其意义所在。

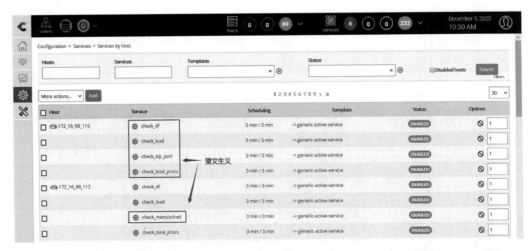

图 5-16

"Service Scheduling Options"服务调度选项与添加主机的调度选项基本一致，不做赘述，其具体设定如图 5-17 所示。

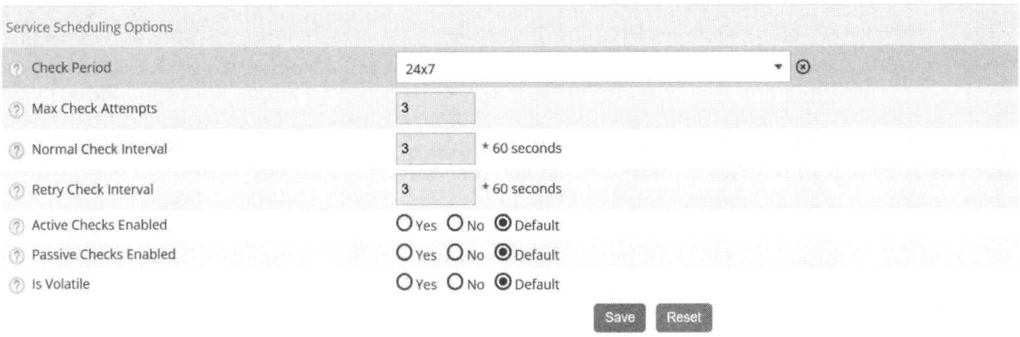

图 5-17

同样，添加服务也得把通知相关联（如图 5-18 所示）。

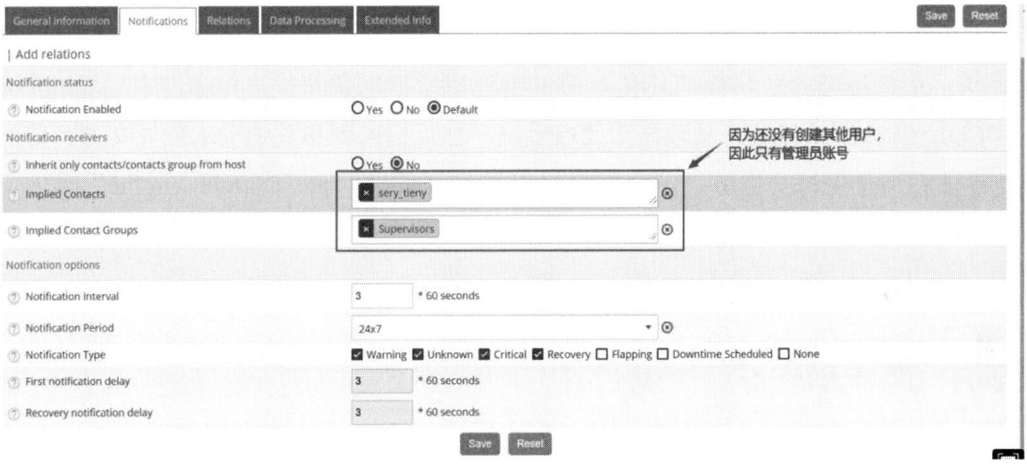

图 5-18

单击"Save"按钮前，可以登录系统，查看数据库"centreon"的表单"service"，使用语句"select service_id, display_name from service;"进行查询，观察其输出。单击"Save"按钮后，再查询数据库表单"service"，与保存之前做一个对比，看是否写入了数据库（如图 5-19 所示）。

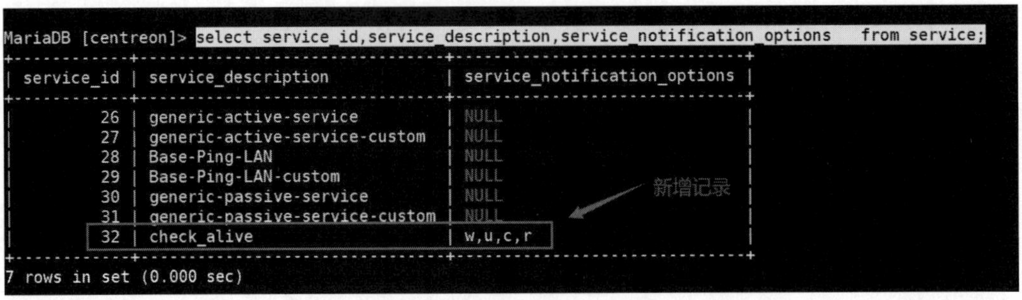

图 5-19

通过前面的添加主机和添加服务操作,虽然数据都写入了数据库,但监控引擎其实是没有工作的,通过查看Web管理页面的上部图标(如图5-20所示),即可做出判断。

图 5-20

从这里可以了解到 Centreon 与 Zabbix 的差异:不从数据库直接读取数据。有原生 Nagios 运维经验的伙伴们应该熟悉,监控引擎读取的是文本配置文件。Centreon 的 Cbd,其主要功能就是从数据库读取数据,然后插入到相关的文本配置文件。前面的步骤添加了主机与服务,下面把关注点转移到目录"/etc/centreon-engine"下的文件 hosts.cfg 与 services.cfg,通过一番操作,看是否有内容填充。

5.3 导出数据并启动 Centreon 引擎

单击页面左上角图标 Poller,再单击子菜单"Configure pollers"(如图5-21所示)。

图 5-21

在页面中,可以看到"Conf Changed"的字段值有显眼的"YES",其颜色为红色(如图5-22所示)。

图 5-22

而数据库未有新数据写入的情况下，此处的值为"NO"，颜色为绿色（如图 5-23 所示）。

图 5-23

勾选需要操作的 Poller，然后单击页面按钮"Export configuration"（如图 5-24 所示）。

图 5-24

在"Configuration Files Export"页面，勾选如图 5-25 所示的几项，重载引擎的方法有"Reload"与"Restart"两项，随便选取即可。

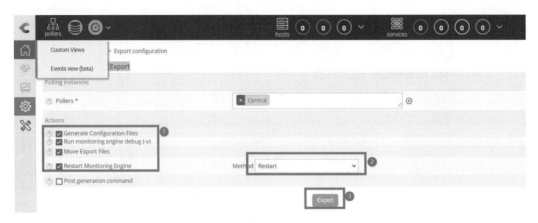

图 5-25

勾选的四项 Actions，其作用如下：

- Generate Configuration Files（生成配置文件）。从数据库导出记录，存储在临时的缓存文件中，具体的存放路径为“/var/cache/centreon/config/engine/1”，执行“Export”操作以后，在其下生成的文件如图 5-26 所示。

```
[root@mon105 engine]# ls -al 1
total 84
drwxr-s---  2 apache   centreon 4096 Dec  8 23:12 .
drwxrwsr-x. 3 centreon centreon   15 Dec  8 23:12 ..
-rw-r--r--  1 apache   centreon 3662 Dec  8 23:12 centengine.cfg
-rw-r--r--  1 apache   centreon 3932 Dec  8 23:12 centengine.DEBUG
-rw-r--r--  1 apache   centreon 2131 Dec  8 23:12 commands.cfg
-rw-r--r--  1 apache   centreon 1412 Dec  8 23:12 connectors.cfg
-rw-r--r--  1 apache   centreon 1265 Dec  8 23:12 contactgroups.cfg
-rw-r--r--  1 apache   centreon 1635 Dec  8 23:12 contacts.cfg
-rw-r--r--  1 apache   centreon 1088 Dec  8 23:12 dependencies.cfg
-rw-r--r--  1 apache   centreon 1088 Dec  8 23:12 escalations.cfg
-rw-r--r--  1 apache   centreon 1088 Dec  8 23:12 hostgroups.cfg
-rw-r--r--  1 apache   centreon 1819 Dec  8 23:12 hosts.cfg
-rw-r--r--  1 apache   centreon 1088 Dec  8 23:12 hostTemplates.cfg
-rw-r--r--  1 apache   centreon 1088 Dec  8 23:12 meta_commands.cfg
-rw-r--r--  1 apache   centreon 1088 Dec  8 23:12 meta_host.cfg
-rw-r--r--  1 apache   centreon 1088 Dec  8 23:12 meta_services.cfg
-rw-r--r--  1 apache   centreon 1088 Dec  8 23:12 meta_timeperiod.cfg
-rw-r--r--  1 apache   centreon 1167 Dec  8 23:12 resource.cfg
-rw-r--r--  1 apache   centreon 1088 Dec  8 23:12 servicegroups.cfg
-rw-r--r--  1 apache   centreon 1839 Dec  8 23:12 services.cfg
-rw-r--r--  1 apache   centreon 1533 Dec  8 23:12 serviceTemplates.cfg
-rw-r--r--  1 apache   centreon 1595 Dec  8 23:12 timeperiods.cfg
```

图 5-26

- Run monitoring engine debug (-v) 监控引擎对配置文件进行语法检测。相当于原生 Nagios 执行“nagios -v nagios.cfg”，这里应该是 centengine.cfg 文件。
- Move Export Files（移动输出文件）。从缓存目录“/var/cache/centreon/config/

engine/1"中复制文件到配置文件正式目录"/etc/centreon-engine"。输出操作完成以后,抽取文件 hosts.cfg,查看其内容(如图 5-27 所示)。

```
#                    Developed by :                              #
#                     - Julien Mathis                            #
#                     - Romain Le Merlus                         #
#                                                                #
#                      www.centreon.com                          #
#          For information : contact@centreon.com                #
##################################################################
#                                                                #
#       Last modification 2020-12-08 23:21                       #
#       By sery tieny                                            #
#                                                                #
##################################################################

define host {
    host_name                       stor109
    alias                           stor109
    address                         172.16.35.109
    contacts                        sery_tieny
    contact_groups                  Supervisors
    check_command                   base_host_alive
    check_period                    24x7
    notification_period             24x7
    max_check_attempts              3
    check_interval                  3
    retry_interval                  3
    notification_interval           3
    notification_options            d,u,r
    first_notification_delay        3
    recovery_notification_delay     3
    register                        1
    _HOST_ID                        37
}
```

图 5-27

确实与在 Web 页面输出及设定的内容相一致。

● Restart Monitoring Engine(重启监控引擎)。即可以重新启动监控引擎。

执行输出(Export)操作,页面会有控制台信息输出,一部分为执行进度,一部分为语法检查过程,如图 5-28 所示。

报错了!根据控制台提示,初步判断是联系人没有与通知类型相关联,即出现告警用什么方式通知联系人。进入菜单"Configure"→"Users"→"Contact / Users",对用户进行编辑,如图 5-29 所示。

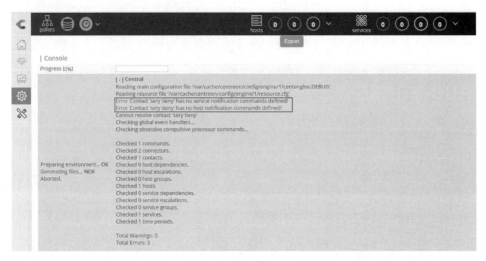

图 5-28

图 5-29

因为当前系统只有唯一的一个可用账号"admin",因此仅对"admin"账号进行编辑修改。单击超链接"admin",即可进行编辑。

编辑界面的上半部分,由系统自动填充,无须编辑。

- Linked to Contact Groups。链接组当前有管理员组及访客组,仅选管理员组即可。

- Host Notification Options。主机通知选项勾选"Down""Unreachable""Recovery"。表示监控引擎探测被监控的主机发生宕机、不可达或者故障恢复,都会发送告警信息。

- Host Notification Commands。主机通知命令默认有好几种,因为在安装系统时,只填写了一个管理员邮箱,因此只有选邮件通知才会起作用。在生产环境中,通常会使用短信通道或者钉钉机器人来发送告警信息。

- Service Notification Options。服务通知选项勾选"Warning"(比如磁盘到达

设定的阈值下限)、"Unknown"、"Critical"(设定阈值的上限)、"Recovery"。
- Service Notification Commands。服务通知命令也选发送邮件方式。

上述操作，如图 5-30 所示。

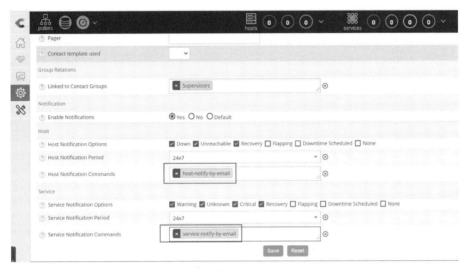

图 5-30

保存设置，然后再返回配置输出操作界面，观察页面控制台输出信息（如图 5-31 所示）。

图 5-31

语法检查通过，一切正常。在页面的上部，将看到主机是一个，服务也是一个，如图 5-32 所示。

图 5-32

如果不是这样，很可能是"Cbd"与"centengine"服务没有启动，用系统命令"systemctl status centengine cbd"检查并用"systemctl start centengine cbd"启动它们。

5.4 操作步骤汇总

为确保少走弯路，可按如下顺序进行。
（1）安装基础插件包。
（2）编辑用户信息。
（3）添加主机。
（4）为主机添加服务。
（5）选定 Poller 输出配置并重启 Centreon 引擎。
（6）检查监控是否生效。

5.5 验证监控有效性

部署好 Centreon 监控以后，还需要模拟故障发生和恢复，以验证监控是否有效工作。很久以前，某知名地产公司找笔者帮忙，说他们的监控系统就是服务器死机了，也不会报警，让笔者帮忙看看是什么情况。他们用的是原生 Nagios，监控四十多个物理主机，仔细检查，发现部署监控的乙方，仅仅把监控项加上就完事，没有做故障模拟测试，这还不算，连监控引擎都没启动。

模拟测试的基本方法是把被监控的主机关机，观察 Centreon 的行为；再把被监控主机启动恢复正常，观察 Centreon 的行为。如果是生产环境，不能停机的话，建议找一个不重要的系统进行测试，比如负载均衡器后的某个节点，关闭以后，有其他节点继续提供服务，并不会对业务造成影响。

被监控主机关机。可关闭系统或者拔掉网线，确保其不能通过网络访问，可通过 Ping 一类的系统指令远程探测被监控主机。再切换到 Centreon Web 管理后台，观察页面显示状态的变化，如图 5-33 所示。

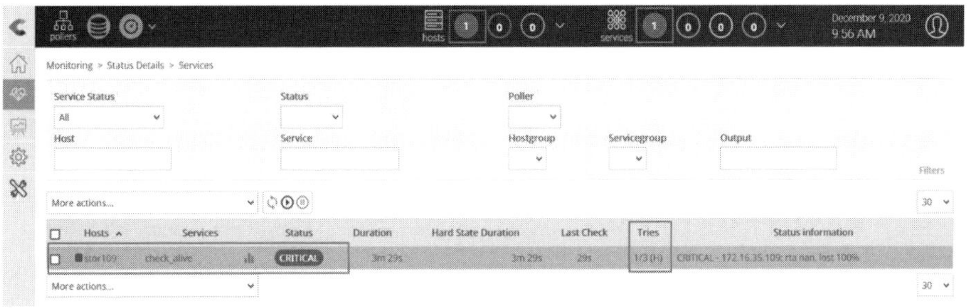

图 5-33

监控引擎探测到主机发生严重错误，当重试三次还是处于错误状态的时候，通过邮件发送告警信息。邮件发送是通过 Postfix 完成的，因此 Postfix 服务也是必须开机启动的。告警邮件发送，由于大部分电子邮件系统启用了反垃圾邮件机制，没有特定解析的主机可能不能正常发送邮件。但可以通过查看日志文件 /var/log/maillog 查看邮件发送与接收（如图 5-34 所示）。

```
Dec  9 02:16:05 mon172 postfix/pickup[1128]: 0F58069C87: uid=994 from=<centreon-engine>
Dec  9 02:16:05 mon172 postfix/cleanup[1637]: 0F58069C87: message-id=<20201208181605.0F58069C87@mon.formyz.net>
Dec  9 02:16:05 mon172 postfix/qmgr[1295]: 0F58069C87: from=<centreon-engine@mon.formyz.net>, size=734, nrcpt=1 (queue active)
Dec  9 02:16:05 mon172 postfix/pickup[1128]: 1353F69C88: uid=994 from=<centreon-engine>
Dec  9 02:16:05 mon172 postfix/cleanup[1637]: 1353F69C88: message-id=<20201208181605.1353F69C88@mon.formyz.net>
Dec  9 02:16:05 mon172 postfix/qmgr[1295]: 1353F69C88: from=<centreon-engine@mon.formyz.net>, size=682, nrcpt=1 (queue active)
Dec  9 02:16:05 mon172 postfix/pickup[1128]: 1851469D19: uid=994 from=<centreon-engine>
Dec  9 02:16:05 mon172 postfix/cleanup[1637]: 1851469D19: message-id=<20201208181605.1851469D19@mon.formyz.net>
Dec  9 02:16:05 mon172 postfix/qmgr[1295]: 1851469D19: from=<centreon-engine@mon.formyz.net>, size=687, nrcpt=1 (queue active)
Dec  9 02:16:05 mon172 postfix/smtp[1645]: 0F58069C87: to=<sery@163.com>, relay=163mx03.mxmail.netease.com[220.181.14.160]:25,
delay=0.1, delays=0.03/0.01/0.05/0.02, dsn=2.0.0, status=sent (250 Mail OK queued as mx45,X8CowACXh77lws9fBK_7Bg--.50051S2 1607
451365)
Dec  9 02:16:05 mon172 postfix/qmgr[1295]: 0F58069C87: removed
```

图 5-34

恢复被监控主机。观察 Centreon Web 管理后台页面状态，恢复以后，图标应该为绿色（如图 5-35 所示），接收告警邮件的邮箱，也能收到故障恢复的邮件。

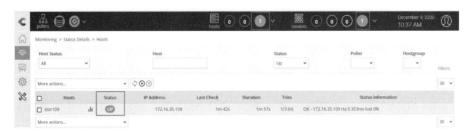

图 5-35

第 6 章 监控生产环境之准备工作

在第 5 章部署的监控实例虽然有了监控的功能，但只能检测远端主机是否存活，还远远不能满足实际工作的需求。因此，要部署一个适用于真实场景的监控平台，还有一些工作要做。根据以往的经验，关注点包含但不限于以下几点：

（1）监控范围：主机资源监控、服务监控、逻辑监控。
（2）告警的方式：显示屏、邮件、短信、微信或者钉钉机器人。
（3）账号分配：系统管理员与其他技术人员权限设定。
（4）可用性实现：避免单点故障。
（5）系统备份、恢复及迁移。

6.1 确定监控范围

确定监控范围包含以下事项：

- 主机资源监控：包括系统负载（执行系统指令"top"时 CPU 的使用情况）、磁盘空间的使用情况、内存使用率（Linux 系统下监控交换分区 Swap 即可）、磁盘 I/O、网络连接数等。
- 服务监控：包括端口存活、进程。
- 逻辑监控：需要通过模拟用户行为来监控，比如对于 Java 假死，单从端口存活及进程上监控反映不了真实的情况。在这种情况下，需要写一个页面文件，此文件的功能是做一个简单的数据库查询，监控这个页面文件，这样就可以做整体判断，把应用及数据库的运行情况一并检查。

6.2 告警工具准备

有多种可供选择的故障告警手段，一般来说，可归类为付费和免费两种。最开始笔者用的是邮件和短信通道，其中短信通道是需要花钱购买，每条大约收费 7 分钱。换过多家短信通道，服务质量各不相同，质量差一点的通常延迟比较大。后来笔者使用微信、钉钉告警，微信告警稍微麻烦一点，需要申请公众号。接下来，主要介绍钉钉告警、短信告警和邮件告警。

6.3 钉钉告警

钉钉报警非常靠谱，也非常及时，基本没有延迟，而且免费，特别适合有使用钉钉的运维同事使用，如果单位日常办公沟通就是使用钉钉，那么钉钉告警的方式非常值得推荐采用。

6.3.1 准备钉钉群组机器人

使用钉钉做故障告警，请按下列步骤进行。

第一步，创建钉钉群组。单击添加成员，把需要接收报警信息的成员添加进来，如图 6-1 所示。

图 6-1

注意，必须创建钉钉群组才可以继续下面的步骤。

第二步，创建钉钉群机器人。进入群设置界面，单击"智能群助手"选项，如图6-2所示。

图 6-2

钉钉群组默认存在一个名为"小钉"的机器人，不能用于发送故障告警信息，因此需要手动添加一个自定义的群组机器人，如图6-3所示。

图 6-3

选择"自定义 通过 Webhook 接入自定义服务"选项，如图 6-4 所示。

图 6-4

单击"添加"按钮,需要对其中的内容进行编辑或者输入,单击"完成"按钮,如图 6-5 所示。

图 6-5

复制创建过程中生成 Webhook(访问所需的 token),在撰写脚本的时候,需要这些信息,如图 6-6 所示。

图 6-6

第三步，在监控系统上创建钉钉告警调用脚本"/usr/bin/ding.py"，其内容如下：

```python
api_url = "https://oapi.dingtalk.com/robot/send?access_token=f53546b
6b015e0bd18e7b9401ee672b67c7eb460da9f601d2de65fa5"
#!/usr/bin/python
import requests
import json
import sys
import os
headers = {'Content-Type': 'application/json;charset=utf-8'}
api_url = "https://oapi.dingtalk.com/robot/send?access_token=17e61c3
03bdb66ae5b20247d5a6fa294dc992c09532c13f5951035df66b334ec"
def msg(text):
json_text= {
"msgtype": "text",
"text": {
"content": text
},
"at": {
"atMobiles": [
"18801028188"
],
"isAtAll": False
}
}
print requests.post(api_url,json.dumps(json_text),headers=headers).
content
if __name__ == '__main__':
text = sys.argv[1]
msg(text)
```

给文件"/usr/bin/ding.py"可执行权限，指令为"chomd +x /usr/bin/ding.py"。

第四步，验证钉钉群机器人是否能正常发送消息。在监控系统上，执行如下指令，看钉钉群是否能收到所发送的消息：

```
/usr/bin/ding.py "I am dingding robot" 18801028188
```

糟糕！缺少 Python 模块"requests"，如图 6-7 所示。

```
[root@mon105 bin]# /usr/bin/ding.py "I am dingding robot" 18801028188
Traceback (most recent call last):
  File "/usr/bin/ding.py", line 3, in <module>
    import requests
ImportError: No module named requests
[root@mon105 bin]#
```

图 6-7

这很容易解决，执行指令"yum install python-requests -y"即可把 Python 模块安装上。现在再来执行钉钉测试指令 /usr/bin/ding.py "I am dingding robot" 188××××8188，看钉钉群是否接收到消息（可不带最后的"手机号码"的参数）。

收到测试指定的消息（如图 6-8 所示），钉钉群自定义机器人满足要求。

图 6-8

6.3.2 将告警整合进 Centreon

被监控的对象发生故障后，需要钉钉实时告警，而 Centreon 本身不包含钉钉告警接口。为了调用钉钉告警功能，需要将钉钉告警整合进 Centreon。

整合钉钉告警或短信告警，实质是 Centreon 调用手动撰写的脚本，以及加入相关的参数，Centreon（Nagios）称之为宏。此整合操作主要在 Web 管理界面进行，一般不建议系统命令行手动编辑。

以管理员权限登录后台，依次选择"配置（齿轮图标）"→"Commands"→"Notifications"选项（如图 6-9 所示），进入 Notifications（通知）设置界面。

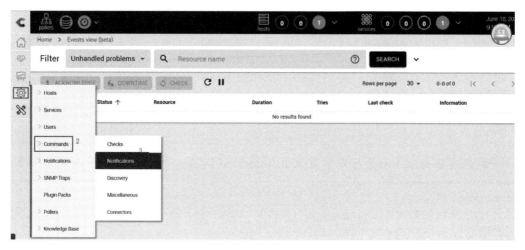

图 6-9

在通知界面（Notifications）单击"Add"按钮，如图 6-10 所示。

图 6-10

增加两个项（如图 6-11 所示），一个用于主机告警通知，另一个用于服务告警通知。

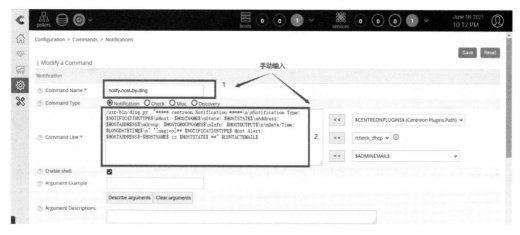

图 6-11

● 主机告警项手动输入命令名"notify-host-by-ding"，命令行的完整内容如下：

```
/usr/bin/ding.py "***** centreon Notification *****\n\nNotification
Type:
$NOTIFICATIONTYPE$\nHost: $HOSTNAME$\nState: $HOSTSTATE$\nAddress:
$HOSTADDRESS$\nGroup: $HOSTGROUPNAMES$\nInfo:
$HOSTOUTPUT$\n\nDate/Time: $LONGDATETIME$\n""[nagios]**
$NOTIFICATIONTYPE$ Host Alert: $HOSTADDRESS$-$HOSTNAME$ is
$HOSTSTATE$ **" $CONTACTEMAIL$
```

- 服务告警项手动输入命令名"notify-service-by-ding",命令行的完整内容如下:

```
/usr/bin/ding.py "***** Nagios *****\n\nNotification Type:
$NOTIFICATIONTYPE$\n\nService: $SERVICEDESC$\nHost:
$HOSTALIAS$\nAddress: $HOSTADDRESS$\nGroups:
$HOSTGROUPNAMES$\nState: $SERVICESTATE$\n\nDate/Time:
$LONGDATETIME$\n\nAdditional Info:\n\n$SERVICEOUTPUT$\n\nService_
perfdata: $SERVICEPERFDATA$""[nagios]** $NOTIFICATIONTYPE$ Service
Alert: $HOSTADDRESS$-$HOSTALIAS$/$SERVICEDESC$ is $SERVICESTATE$ **"
$CONTACTEMAIL$
```

添加完毕后,查询数据库,看数据是否写入。在 MySQL 客户端,执行指令"select command_name, command_line from centreon.command where command_name like '%ding%';",结果如图 6-12 所示。

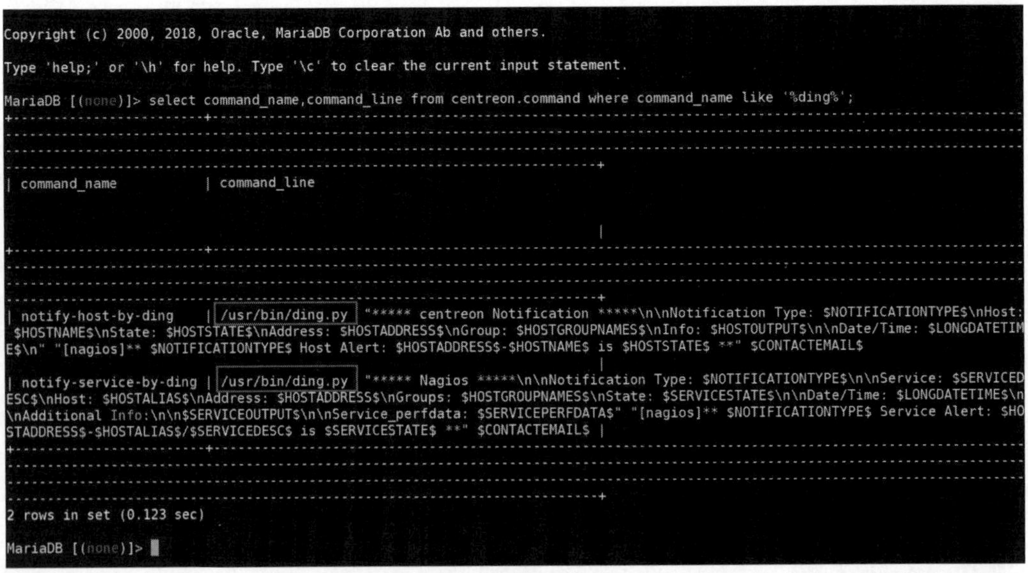

图 6-12

从查询结果可知,添加的信息确实存入数据库了。但这个时候,执行 Poller 配置输出,并不会在文件"/etc/centreon-engine/commands.cfg"中追加内容,只有在添加主机或者主机所承载的服务后，再执行 Poller 配置输出，Web 页面添加的内容才会从数据库里取出并追加到文件"/etc/centreon-engine/commands.cfg"中。接下来，通过如下步骤实现该目标。

第一步，修改管理员用户 admin，给该账号定义主机通知命令与服务通知命令，如图 6-13 所示。

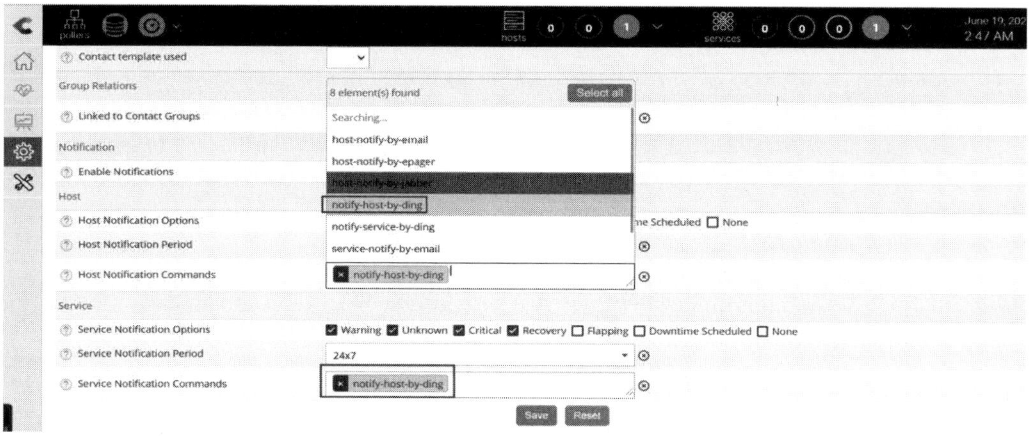

图 6-13

注意，主机通知与服务通知不要弄混了，因为两者的参数不同，具体参见前面的输入。

第二步，添加一个主机，并把告警通知与联系人（admin）关联起来，如图 6-14 所示。

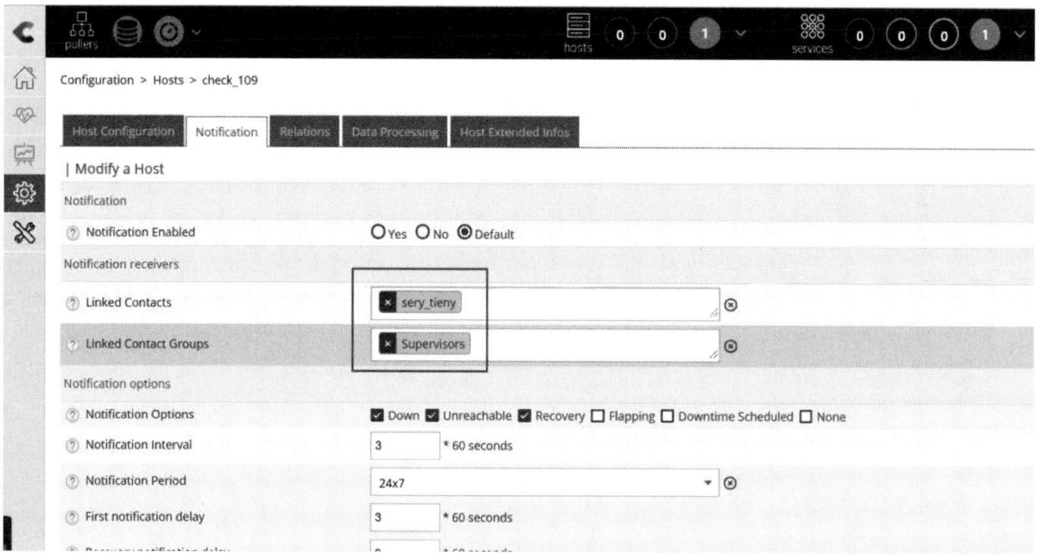

图 6-14

第三步，给主机添加服务监控项，同样把告警通知与联系人（admin）关联起来，如图 6-15 所示。

图 6-15

第四步，Poller 配置输出。由于主机配置发生了变化，因此 Poller 配置项 "Conf Changed" 将以红色 "YES" 高亮显示（如图 6-16 所示框出来的部分）。

图 6-16

接着勾选 "Actions" 下面的四个复选框，如图 6-17 所示。

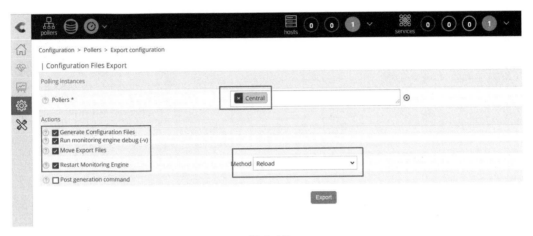

图 6-17

单击"Export"按钮(如图6-18所示),可在页面下部点开加号,查看控制台输出。

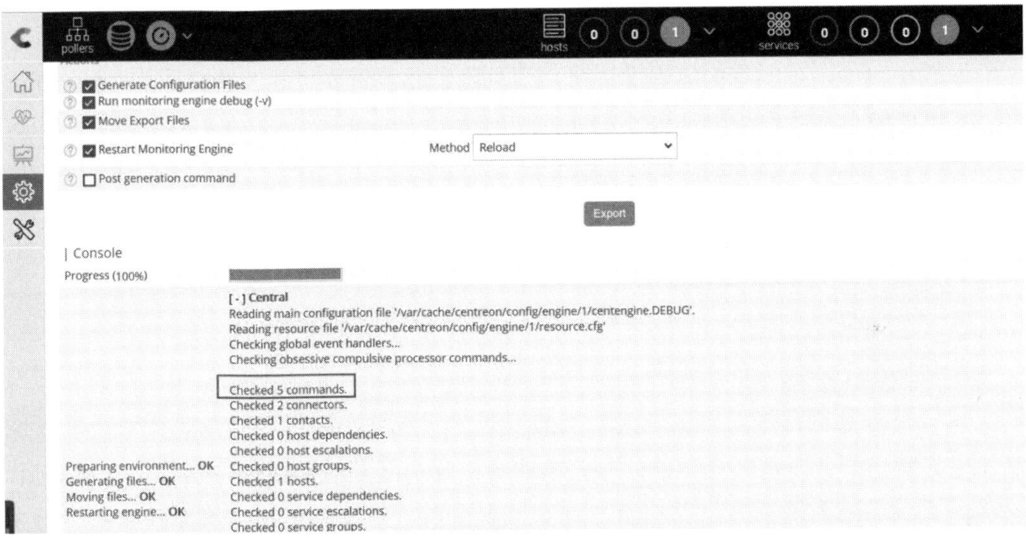

图 6-18

从上面的输出可知,有几个命令从数据库里取出并写入到相关的文本文件之中。

第五步,打开文件"/etc/centreon-engine/commands.cfg",观察其变化,如图6-19所示。

图 6-19

从输出可知，确实有内容追加进来，而且比手动编辑要可靠一些，因为 command_line 是很长的一个整行，用编辑器手动复制很容易出问题。

6.4 短信告警

正常情况下，没有任何服务器能向手机发送短消息，要实现这个功能，需要付费购买短信服务（也有些人运用飞信一类的方式来实现这个功能，个人觉得对于运营网站不是太靠谱）。要是在几年前，自己申请短信通道还是有可能的，当你付费成功后，短信服务商会给你提供入口及加密关键字，然后自己写个脚本就可以发送短信。以下是作者的服务器用 Perl 写的脚本：

```perl
#!/usr/bin/perl -w
use strict;
use LWP::Simple;
use URI::Escape;
use Digest::MD5;
my ($mobile, $content) = @ARGV;
my $log_control = 1;
my $key = 'Ysdbyhd6T';
my $souce_content = substr($mobile, 0, 8) . substr($mobile, -10, 10)
. $key;
my $md5 = Digest::MD5->new;
```

```
$md5->add($souce_content);
my $result_conent = uc($md5->hexdigest);
my $url ="http://http.asp.sh.cn/MT.do?Username=sery&Password=([-BVG'
0&Mobile=$mobile&Content=$content&Keyword=$result_conent";
my $result = get $url;
if($log_control) {
my $fh;
open($fh, '>> /var/log/sms.log') or die "can't open log: $!";
print $fh join(' ', time, $result, "\n");
close $fh;
}
```

注：以上脚本由前同事宇捷提供。

说明：

- my $key = 'Ysdbyhd6T' 短信服务商给的验证关键字。
- my $url="…" 短信服务商给的用户名、密码以及短信服务商的访问接口（url）全包括在这里了。

把这个文件放在目录"/usr/local/bin/"下面，把它命名为 sms_send.pl，用命令"chomod +x /usr/local/bin/sms.pl"给予它执行权限。这个脚本在各种各样的 UNIX、Linux 下都可以正常工作，Nagios 报警短信发送就是靠它。如果读者也打算拿这个脚本发送短信的话，只要改一下"key"值和"url"值就可以直接使用。

接下来就是验证是否可以发送短信，执行命令行 /usr/local/bin/sms.pl 13300108888 "It is a test"，按 Enter 键后数秒钟，你的手机应该能收到带有内容"It is a test"的短信息。为了保证短信服务的可靠性，笔者做了一个策略：每天下午 6 点定时给我发一个通知短信；告诉我短信发送是正常的，也是该下班回家了。做法是执行 crontab -e，然后输入行 00 18 * * * /usr/local/bin/sms.pl 13300108888 "It is Ok"。

短信告警整合到 Centreon 与钉钉整合到 Centreon 操作基本一样，这里不再赘述。

6.5 邮件告警

邮件告警是 Centreon 最常用也是最容易实现的告警手段，Centreon 系统默认邮件告警，不需要像钉钉告警或短信报警那样，在 Web 管理后台添加编辑这些命令行信息。在 Centreon 的配置文件"/etc/centreon/commands.cfg"中，就有如下两项文本存在（注意 command_line 是一个整行）：

```
define command {
command_name                      host-notify-by-email
command_line                      /bin/sh -c '/usr/bin/printf "%b""*****
centreon Notification *****\n\nType:$NOTIFICATIONTYP
E$\nHost: $HOSTNAME$\nState: $HOSTSTATE$\nAddress: $HOSTADDRESS$\
nInfo: $HOSTOUTPUT$\nDate/Time: $DATE$" | /bin/mail -s "Host $
HOSTSTATE$ alert for $HOSTNAME$!" $CONTACTEMAIL$'
}
define command {
command_name                      service-notify-by-email
command_line                      /bin/sh -c '/usr/bin/printf "%b""*****
centreon Notification *****\n\nNotification Type: $N
OTIFICATIONTYPE$\n\nService: $SERVICEDESC$\nHost: $HOSTALIAS$\
nAddress: $HOSTADDRESS$\nState: $SERVICESTATE$\n\nDate/Time: $DAT
E$ Additional Info : $SERVICEOUTPUT$" | /bin/mail -s "**
$NOTIFICATIONTYPE$ alert - $HOSTALIAS$/$SERVICEDESC$ is
$SERVICESTATE$
**" $CONTACTEMAIL$'
}
```

（1）测试邮件是否可用。以 ISO 镜像文件安装的 Centreon 系统，默认使用 Postfix 作为邮件服务器。在确保做好域名解析及设定好邮件 MX 记录的前提下，简单地修改一下系统的"/etc/hosts"文件及"/etc/postfix/main.cf"，然后启动服务 Postfix，用"mail"指令测试是否可以发送邮件。假使输出提示不存在指令 mail，可运行命令"yum install mailx whois"进行安装。邮件发送成功与否，可以从文件"/var/log/maillog"中进行查看，如图 6-20 所示。

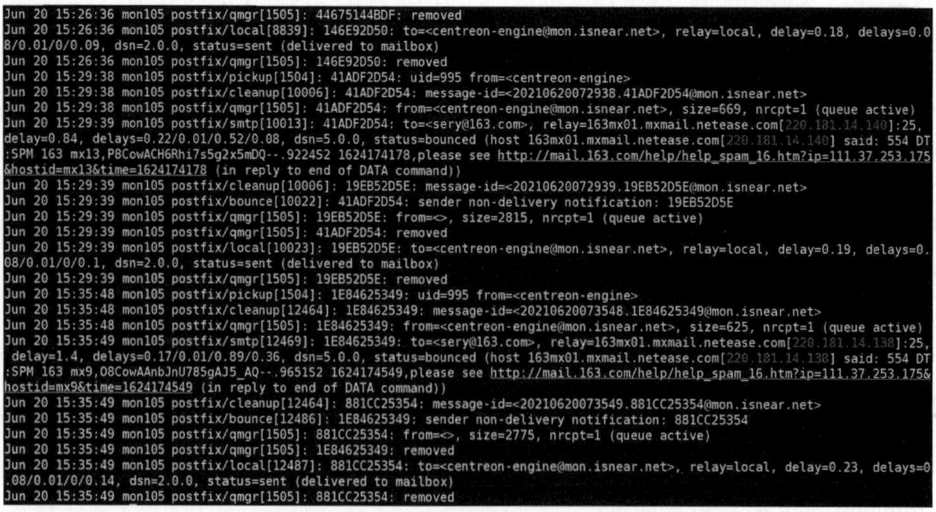

图 6-20

（2）把邮件通知命令与联系人相关联。一个联系人可关联多种告警通知命令，比如同时拥有邮件告警、短信告警、钉钉告警，如图 6-21 所示。

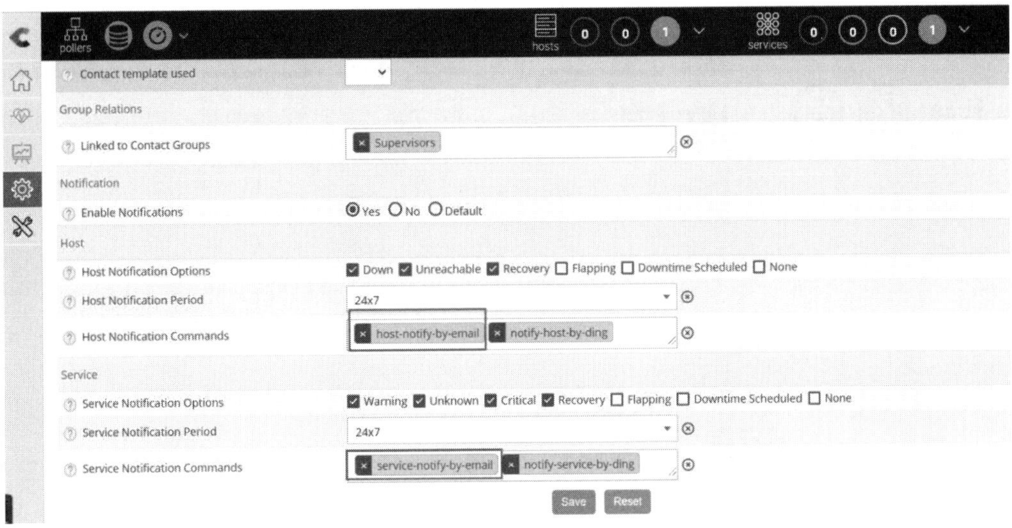

图 6-21

第 7 章 监控生产环境之主机资源监控

7.1 监控主机资源

需经常关注的主机资源主要有 CPU 负载、磁盘空间使用率、内存使用率、TCP 连接数等，监控主机资源，Centreon 主控端不能直接获取所需的数据，需要在被监控端安装代理，由代理获取数据，并把这些数据传送到 Centreon 服务器。有两种代理工具可以选择，SNMP 及 NRPE（Nagios Remote Plugin Executor），这里采用的是 NRPE，如图 7-1 所示。

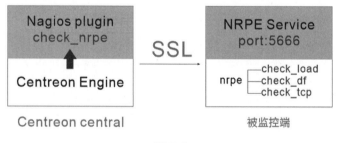

图 7-1

7.1.1 安装 NRPE

NRPE 有服务器端和客户端，服务器端安装在被监控的系统中，而客户端则需要安装在 CentreonCentral（不安装在分布式 Poller

上）。安装在 CentreonCentral 的 NRPE 客户端，实际上就是一个 Nagios 插件 check_nrpe，可以直接从 NRPE 服务器端远程拷贝此插件文件。

1. 在被监控端安装 NRPE

（1）下载 NRPE 软件源码包，地址为：wgethttps://github.com/NagiosEnterprises/nrpe/releases/download/nrpe-4.0.2/nrpe-4.0.2.tar.gz。

（2）创建用户 nagios 及 nagios 组。在系统命令行下执行指令"useradd nagios"，完成用户及组的创建。

（3）执行系列指令进行完整安装。

```
tar zxvf nrpe-4.0.2.tar.gz
cd nrpe-4.0.3
yum -y install gcc gcc-c++ make openssl openssl-devel
./configure  --with-nagios-user=nagios --with-nagios-group=nagios
--prefix=/usr/local/nrpe
make all
make install-plugin
make install-config
```

执行完毕，只有一个插件文件 check_nrpe 生成，但这远远不能满足需求，需要再安装一些所需的 Nagios 插件，如果再不够，可能需要自己撰写脚本。

2. 监控服务器 CentreonCentral 安装 NRPE

（1）登录监控服务 Shell，创建目录"/usr/local/nagios/libexec"。

（2）进入目录"/usr/local/nagios/libexec"，从被监控端复制插件文件 check_npre，并顺便赋予可执行权限。

7.1.2 安装 Nagios 插件

监控服务器端与被监控端都需要安装 Nagios 插件，特别是被监控端，如果缺少插件，基本无法对被监控端的主机资源监控。

1. 在被监控端安装 Nagios 插件

（1）下载 Nagios 插件安装包，运行如下命令，使用 wget 下载：

```
wget--no-check-certificate https://nagios-plugins.org/download/
nagios-plugins-2.3.3.tar.gz
```

（2）执行下列指令进行完整安装。

```
tar zxvf nagios-plugin-2.3.3.tar.gz
cd nagios-plugin-2.3.3
./configure --with-nagios-user=nagios  --with-nagios-group=nagios
--prefix=/usr/local/nrpe
make
make install
```

为了方便管理，这里把 Nagios 插件安装到 NRPE 所在的目录"/usr/local/nrpe"中。在安装插件之前，"/usr/local/nrpe/libexec"目录仅有一个插件文件 check_nrpe，如果安装正确，该目录会自动生成其他插件文件，如图 7-2 所示。

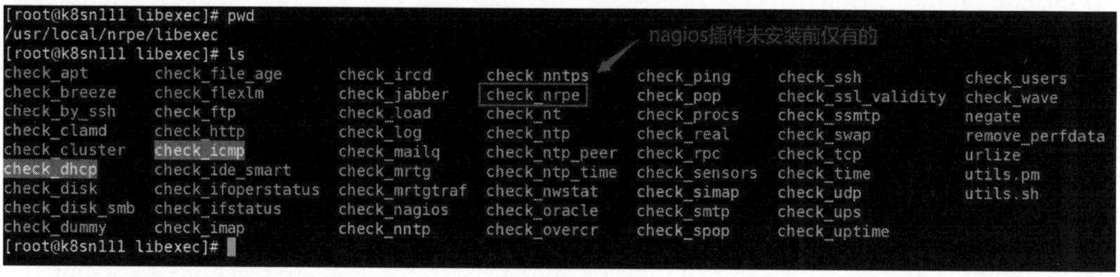

图 7-2

2. 在监控服务器 CentreonCentral 端安装 Nagios 插件

与"在被监控端安装 Nagios 插件"基本一样，主要是需要插件文件 check_http 及 check_tcp 等，安装过程不再赘述。

7.1.3 在被监控端配置 NRPE

在配置之前，先确认一下所需的监控项目，看插件目录里是否有所需的文件或者脚本，待确认项目如下：

- 监控内存插件 check_swap 已经存在。
- 监控登录系统用户插件 check_users 已经存在。
- 监控 CPU 负载插件 check_load 已经存在。
- 监控磁盘空间使用情况的插件 check_disk 已经存在。
- 监控系统进程数的插件 check_procs 已经存在。
- 监控 TCP 连接数的插件不存在，需要在目录"/usr/local/nrpe/libexexc"中撰写一个脚本，该脚本取名为 check_tcpconns，其内容如下：

```
#!/bin/bash
#AUTHOR:sery
#Date: 2021-07-8
#E-mail: sery@163.com
#VX:formyz
tcp_conns=`netstat -an|grep tcp |grep EST|wc -l`
if [[ $tcp_conns -le $1 ]]
then
echo "OK -connect count is $tcp_conns"
exit 0
elif [[ $tcp_conns -gt $1 ]] && [[ $tcp_conns -lt $2 ]]
then
echo "WARNING -connect count is $tcp_conns"
exit 1
else
then
echo  "CRITICAL -connect count is $tcp_conns"
exit 2
fi
```

此脚本需要两个参数，在这里没有在脚本中进行判断，而是把它写死在 NRPE 的配置文件 nrpe.cfg 中，不会因为参数判断问题产生麻烦。脚本写好以后，需要对其功能进行验证，看结果是否是我们所期望的。根据系统当前的 TCP 连接数，对脚本所需的参数进行调节，指令及输出如图 7-3 所示。

```
[root@mon172 libexec]# ./check_tcpconns 100 200
OK -connect count is 13
[root@mon172 libexec]# ./check_tcpconns 10 30
WARNING -connect count is 14
[root@mon172 libexec]# ./check_tcpconns 5 10
CRITICAL -connect count is 12
[root@mon172 libexec]#
```

图 7-3

NRPE 仅有一个配置文件 nrpe.cfg，所有与配置相关的操作都在此文件中进行。需要修改的项包括但不限于以下内容：

- 网络监听地址 server_address，默认值为 127.0.0.1，可改成该系统网卡的实际地址。
- 监听端口号 server_port=5666，可改可不改。
- 允许哪些主机访问 allowed_hosts，一个 NRPE 服务，可接受多个主机同时访问。这里允许本机及远端的监控服务器 CentreonCentral 进行连接，其修改后的值为"allowed_hosts=127.0.0.1,172.16.35.105"。

- 命令 command 指定，默认情况下，带了大概 5 行（如图 7-4 所示）。

```
# The following examples use hardcoded command arguments...
# This is by far the most secure method of using NRPE

command[check_users]=/usr/local/nrpe/libexec/check_users -w 5 -c 10
command[check_load]=/usr/local/nrpe/libexec/check_load -r -w .15,.10,.05 -c .30,.25,
command[check_hda1]=/usr/local/nrpe/libexec/check_disk -w 20% -c 10% -p /dev/hda1
command[check_zombie_procs]=/usr/local/nrpe/libexec/check_procs -w 5 -c 10 -s Z
command[check_total_procs]=/usr/local/nrpe/libexec/check_procs -w 150 -c 200
```

图 7-4

行"command[check_hda1]…"不能满足需求，需要编辑一下，使其可以监控整个系统磁盘空间（分区或者文件系统）的使用情况，而且还需要排除临时文件系统的检查。一般情况下，Linux 系统大概有用户文件系统、临时文件系统、设备临时文件系统等几类，如图 7-5 所示。

```
[root@k8sn111 nrpe]# df -h
Filesystem               Size  Used Avail Use% Mounted on
devtmpfs     需要排除掉  4.0G     0  4.0G   0% /dev
tmpfs                    4.0G     0  4.0G   0% /dev/shm
tmpfs                    4.0G  8.6M  4.0G   1% /run
tmpfs                    4.0G     0  4.0G   0% /sys/fs/cgroup
/dev/mapper/centos-root   50G  2.4G   48G   5% /
/dev/mapper/centos-home   45G   33M   45G   1% /home
/dev/sda1               1014M  189M  826M  19% /boot
tmpfs                    814M     0  814M   0% /run/user/0
[root@k8sn111 nrpe]#
```

图 7-5

试着执行命令 check_disk，其结果如图 7-6 所示。

```
[root@k8sn111 nrpe]# /usr/local/nrpe/libexec/check_disk -w 20% -c 10%
DISK OK - free space: /dev 4055 MiB (100.00% inode=100%); /dev/shm 4067 MiB (100.00% inode=100%); /run 4058 MiB (99.78% inode=1
00%); /sys/fs/cgroup 4067 MiB (100.00% inode=100%); / 48813 MiB (95.38% inode=100%); /home 45953 MiB (99.92% inode=100%); /boot
 825 MiB (81.43% inode=100%); /var/lib/docker/containers 48813 MiB (95.38% inode=100%); /var/lib/docker/overlay2 48813 MiB (95.
38% inode=100%); /run/user/0 813 MiB (100.00% inode=100%);| /dev=0MiB;3244;3649;0;4055 /dev/shm=0MiB;3253;3660;0;4067 /run=8MiB
;3253;3660;0;4067 /sys/fs/cgroup=0MiB;3253;3660;0;4067 /=2361MiB;40940;46057;0;51175 /home=32MiB;36788;41386;0;45985 /boot=188M
iB;811;912;0;1014 /var/lib/docker/containers=2361MiB;40940;46057;0;51175 /var/lib/docker/overlay2=2361MiB;40940;46057;0;51175 /
run/user/0=0MiB;650;731;0;813
[root@k8sn111 nrpe]#
```

图 7-6

check_disk 有个选项"-X"，可以按文件系统类型把不需要检查的项目排除掉。从 df 指令的输出观察，tmpfs 与 devtmpfs 做检查是没有必要的，要把它排除掉。check_disk 选项"-X"只能带一个参数值，如果是多个参数值，需要单独列举，比如"-X tmpfs -X devtmpfs"（如图 7-7 所示）。

```
[root@k8sn111 nrpe]# /usr/local/nrpe/libexec/check_disk -X devtmpfs -X tmpfs -w 20% -c 10%
DISK OK - free space: / 48813 MiB (95.38% inode=100%); /home 45953 MiB (99.92% inode=100%); /boot 825 MiB (81.43% inode=100%);
/var/lib/docker/containers 48813 MiB (95.38% inode=100%); /var/lib/docker/overlay2 48813 MiB (95.38% inode=100%);| /=2361MiB;40
940;46057;0;51175 /home=32MiB;36788;41386;0;45985 /boot=188MiB;811;912;0;1014 /var/lib/docker/containers=2361MiB;40940;46057;0;
51175 /var/lib/docker/overlay2=2361MiB;40940;46057;0;51175
[root@k8sn111 nrpe]# /usr/local/nrpe/libexec/check_disk -X devtmpfs,tmpfs -w 20% -c 10%
DISK OK - free space: /dev 4055 MiB (100.00% inode=100%); /dev/shm 4067 MiB (100.00% inode=100%); /run 4058 MiB (99.78% inode=1
00%); /sys/fs/cgroup 4067 MiB (100.00% inode=100%); / 48813 MiB (95.38% inode=100%); /home 45953 MiB (99.92% inode=100%); /boot
 825 MiB (81.43% inode=100%); /var/lib/docker/containers 48813 MiB (95.38% inode=100%); /var/lib/docker/overlay2 48813 MiB (95.
38% inode=100%); /var/user/0 813 MiB (100.00% inode=100%);| /dev=0MiB;3244;3649;0;4055 /dev/shm=0MiB;3253;3660;0;4067 /run=8MiB
;3253;3660;0;4067 /sys/fs/cgroup=0MiB;3253;3660;0;4067 /=2361MiB;40940;46057;0;51175 /home=32MiB;36788;41386;0;45985 /boot=188M
iB;811;912;0;1014 /var/lib/docker/containers=2361MiB;40940;46057;0;51175 /var/lib/docker/overlay2=2361MiB;40940;46057;0;51175 /
run/user/0=0MiB;650;731;0;813
```

图 7-7

根据上述验证，我们需要把行 "command[check_hda1]" 改造成（或者注释掉重新加一行）"command[check_df]=/usr/local/nrpe/libexec/check_disk -X devtmpfs -X tmpfs -w 20% -c 10%"。

另外再增加两行（如图 7-8 所示），一行的作用是监控交换分区（间接性监控 Linux 内存），另一行的作用是监控 TCP 连接数。

```
command[check_tcpconns]=/usr/local/nrpe/libexec/check_tcpconns 800 1000
command[check_mem]=/usr/local/nrpe/libexec/check_swap -w 40% -c 20%
```

```
# The following examples use hardcoded command arguments...
# This is by far the most secure method of using NRPE

command[check_users]=/usr/local/nrpe/libexec/check_users -w 5 -c 10
command[check_load]=/usr/local/nrpe/libexec/check_load -r -w .15,.10,.05 -c .30,.25,.20
command[check_df]=/usr/local/nrpe/libexec/check_disk -X tmpfs -X devtmpfs -w 20% -c 10%
command[check_zombie_procs]=/usr/local/nrpe/libexec/check_procs -w 5 -c 10 -s Z
command[check_total_procs]=/usr/local/nrpe/libexec/check_procs -w 150 -c 200
command[check_tcpconns]=/usr/local/nrpe/libexec/check_tcpconns 800 1000         ← 新增文本
command[check_mem]=/usr/local/nrpe/libexec/check_swap -w 40% -c 20%
```

图 7-8

7.1.4 验证 NRPE

1. 启动 NRPE 服务

准备好 NRPE 所需的插件，配置文件 nrpe.cfg 命令项 [command] 与相关插件做好关联，用指令 "/usr/local/nrpe/bin/nrpe -c /usr/local/nrpe/etc/nrpe.cfg -d" 启动服务。

2. 验证 NRPE 服务

在本机或者远端 Shell 下，执行指令 "/usr/local/nrpe/check_nrpe -H 172.16.35.111"，如果连接被拒绝，可通过查看 "nrpe" 进程是否启动、TCP 端口是否处于监听状态、系统是否启用防火墙规则进行排查。如果连接正常，将输出 NRPE 服务的版本号，如

图 7-9 所示。

```
[root@k8sn111 nrpe]# libexec/check_nrpe -H 172.16.35.111
NRPE v4.0.2
[root@k8sn111 nrpe]#
```

图 7-9

3. 验证各项主机资源

在监控服务器 CentreonCentral 中分别执行如下指令进行逐项验证。

（1）验证系统负载，指令为"./check_nrpe -H 172.16.35.111 -c check_load"，执行结果如图 7-10 所示。

```
[root@mon105 libexec]# ./check_nrpe -H 172.16.35.111 -c check_load
OK - load average per CPU: 0.00, 0.00, 0.01|load1=0.000;0.150;0.300;0; load5=0.003;0.100;0.250;0; load15=0.013;0.050;0.200;0;
[root@mon105 libexec]#
```

图 7-10

（2）验证磁盘空间使用情况，指令为"./check_nrpe -H 172.16.35.111 -c check_df"，执行结果如图 7-11 所示。

```
[root@mon105 libexec]# ./check_nrpe -H 172.16.35.111 -c check_df
DISK OK - free space: / 48808 MiB (95.37% inode=100%); /home 45953 MiB (99.92% inode=100%); /boot 825 MiB (81.43% inode=100%); /var/lib/docker/containers 4880
8 MiB (95.37% inode=100%); /var/lib/docker/overlay2 48808 MiB (95.37% inode=100
%);| /=2366MiB;40940;46057;0;51175 /home=32MiB;36788;41386;0;45985 /boot=188MiB
;811;912;0;1014 /var/lib/docker/containers=2366MiB;40940;46057;0;51175 /var/lib
/docker/overlay2=2366MiB;40940;46057;0;51175
[root@mon105 libexec]#
```

图 7-11

（3）验证系统总进程数，指令为"./check_nrpe -H 172.16.35.111 -c check_total_procs"，执行结果如图 7-12 所示。

```
[root@mon105 libexec]# ./check_nrpe -H 172.16.35.111 -c check_total_procs
PROCS OK: 130 processes | procs=130;150;200;0;
[root@mon105 libexec]#
```

图 7-12

（4）验证系统内存使用情况，指令为"./check_nrpe -H 172.16.35.111 -c check_mem"，执行结果如图 7-13 所示。

```
[root@mon105 libexec]# ./check_nrpe -H 172.16.35.111 -c check_mem
SWAP OK - 100% free (4159 MB out of 4159 MB) |swap=4159MB;1663;831;0;4159
[root@mon105 libexec]#
```

图 7-13

（5）验证系统 TCP 总连接数，指令为"./check_nrpe -H 172.16.35.111 -c check_tcpconns"，执行结果如图 7-14 所示。

```
[root@mon105 libexec]# ./check_nrpe  -H 172.16.35.111 -c check_tcpconns
OK -connect count is 4
[root@mon105 libexec]#
```

图 7-14

上述 check_nrpe 选项 -c 后带的参数，需要记清楚，后面 Centreon 管理后台添加服务项的时候需要这些参数名称。

7.1.5 为监控服务器 CentreonCentral 添加主机资源监控项

1. 为 CentreonCentral 添加 check 项

登录 CentreonCentral Web 管理后台，添加命令"Command"界面，手动输入命令名称"CommandName"的文本内容为"check_nrpe"，命令类型选"Check"（在之前的步骤中，已经添加了一个"Notification"的类型，用于调用钉钉发送告警信息），命令行"CommandLine"填写的文本为"/usr/local/nagios/libexec/check_nrpe -H $HOSTADDRESS$ -c $ARG1$"，注意路径一定要填写正确。所有的操作如图 7-15 所示。

图 7-15

在 Centreon 里面，变量主机用宏"$HOSTADDRESS$"代替，而 nrpe.cfg 定义的 command[] 用宏"$ARG1$"代替。

2. 添加被监控的主机

手动添加被监控主机（如图 7-16 所示），添加的过程可参见前面的章节，这里不再赘述。

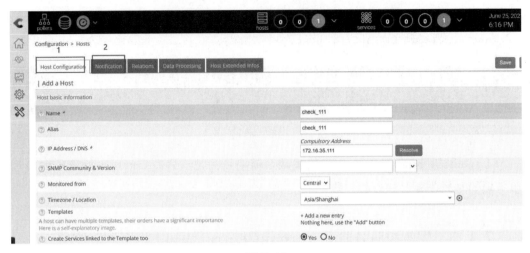

图 7-16

3. 添加主机所附属的服务项

（1）在"General Information"选项卡下填写信息，需要填写的项比较多，下面逐个进行说明。

- Service Basic Information：
  - 描述 Description 填写 check_load。
  - 与主机关联 Linked with Hosts 从下拉列表框选取，一次可选一个或者多个主机（如图 7-17 所示）。

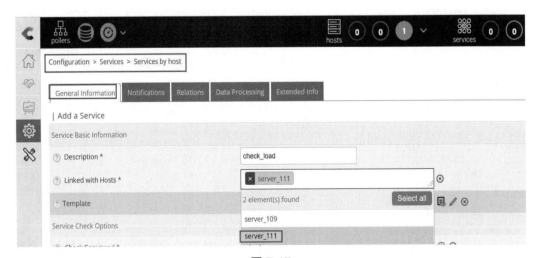

图 7-17

模板 Template 选取"generic-active-service"（如图 7-18 所示），可以不选，也可以选择自定义。

图 7-18

- 服务检查选项 Service Check Options：
  - 检查命令 Check Command，从下拉列表框选取 "check_nrpe"。
  - 参数 ARG1 的值，输入 check_load（如图 7-19 所示）。这个值就是从 NRPE 的配置文件 nrpe.cfg 的 command[] 定义的名字，要做好对应。

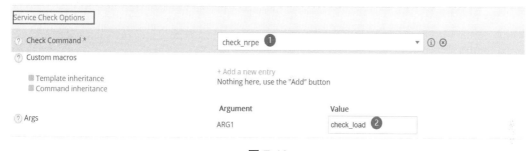

图 7-19

- 服务调度 Service Scheduling Options：
  - 服务检查周期 Check Period，可选 24×7 全天候监控。
  - 最大重试次数 Max Check Attempts，填写 3 次。
  - 正常检查时间间隔 Normal Check Interval，设定为 2 分钟。
  - 重新检查时间间隔 Retry Check Interval，设定为 2 分钟。每个条目前面有个问号 "？"，可单击了解详情（如图 7-20 所示）。

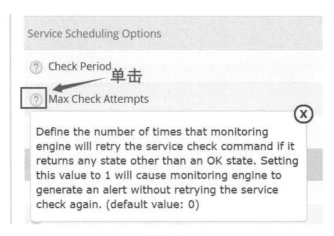

图 7-20

- 剩下的几个条目，用默认值即可。整个服务调度修改后的情况如图 7-21 所示。

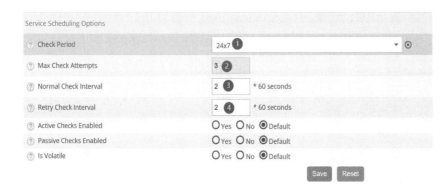

图 7-21

- 确认所填写或设定的内容无误后，先不急于保存设置，待后面的通知"Notification"设定完毕后，再单击"Save"按钮一起保存。

（2）在同一主配置界面从"General Information"切换到"Notifications"，然后根据需求逐项填写或者设定，如图 7-22 所示。

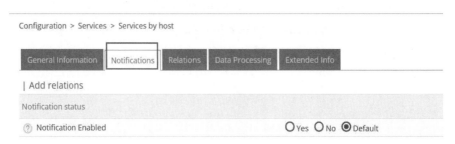

图 7-22

- 通知状态 Notification status：Notification Enabled 用默认值 Default。

- 通知的接受者 Notification receivers：
    - Inherit only contacts/contacts group from host 用默认值 No，不继承。
    - 指定通知联系人 Implied Contacts，选取预先设定好的用户。选择多个用户，根据权限，这些用户将能接收告警信息或者有更多的访问权限。
    - 指定通知联系组 Implied Contact Groups，可选单个组或者多个组（如图 7-23 所示）。联系组是多个有关联（比如同一个部门）的联系人的集合。

图 7-23

- 通知选项 Notification options，与主机通知选项基本相同，不再一一列举，如图 7-24 所示是修改完毕后服务通知的截图。

图 7-24

- 重复步骤（1）和（2），完成剩余服务项的添加。添加好某个被监控主机所有服务项的效果如图 7-25 所示。

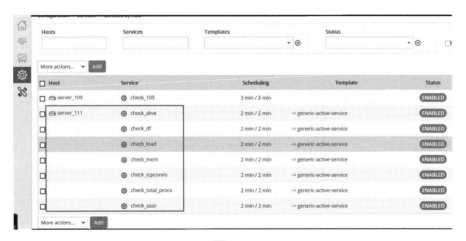

图 7-25

7.1.6 主机资源监控验证

主机资源的监控验证分两个步骤进行：第一步是输出Poller配置并重载（或者重起）Centreon Engine，第二步是模拟系统资源耗尽。

1. 输出 Poller 配置并重载 Centreon Engine

Web 管理后台配置菜单，勾选需要重载的 Poller，单击"Export configuration"按钮执行后续操作，如图 7-26 所示。

图 7-26

执行动作"Actions"选择如图 7-27 所示。

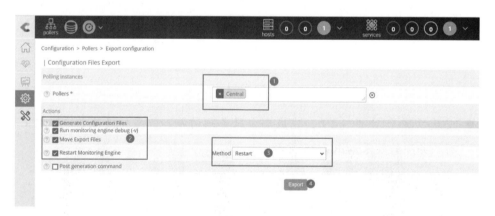

图 7-27

Generate Configuration Files：从数据库获取监控数据，在"/var/cache/centreon/config/engine"生成文本配置文件。

Run monitoring engine debug (-v)：监控引擎对配置文件做语法检查，如果没有错误则可重载或重启监控引擎。

Move Export Files：将临时配置文件更新到目录"/etc/centreon-engine"永久保存。

Restart Monitoring Engine：重启监控引擎，使监控配置更新生效。

输出完毕，稍等片刻（Pending 耗时稍长），就可以在 Web 管理界面很直观地查看主机当前的资源状态（如图 7-28 所示）。

图 7-28

2. 模拟系统资源耗尽

这一步将在被监控主机中手动执行磁盘写入，耗尽磁盘空间。

在命令行下用工具"dd"大量写入数据到磁盘分区，使数据塞满分区，模拟系统资源耗尽，验证 Centreon 监控平台一系列变化及动作。模拟的详细过程请参见 7.2 节内容。

7.2 模拟故障告警

硬盘故障是比较容易实现和控制的，可以通过往文件系统写入大量数据，来触发 Centreon 告警。其他告警可依次逐个模拟，不再一一描述。

登录被监控主机，找一个空闲的磁盘空间，了解其大小（如图 7-29 所示），然后根据此数值往此空间分别进行两次写入。

图 7-29

第一次，用命令"dd if=/dev/zero of=/home/diskfull.drill bs=1G count=37"写入 37GB 的文件，该文件大概占用 80% 的磁盘空间（如图 7-30 所示）。根据预先设定，

磁盘使用率超过 80%，Centreon 将发出"WARNING"告警。

```
[root@k8sn111 nrpe]# dd if=/dev/zero of=/home/diskfull.drill  bs=1G count=37
37+0 records in
37+0 records out
39728447488 bytes (40 GB) copied, 540.893 s, 73.4 MB/s
[root@k8sn111 nrpe]# df -h
Filesystem                Size  Used Avail Use% Mounted on
devtmpfs                  4.0G     0  4.0G   0% /dev
tmpfs                     4.0G     0  4.0G   0% /dev/shm
tmpfs                     4.0G   17M  4.0G   1% /run
tmpfs                     4.0G     0  4.0G   0% /sys/fs/cgroup
/dev/mapper/centos-root    50G  2.4G   48G   5% /
/dev/mapper/centos-home    45G   38G  7.9G  83% /home
/dev/sda1                1014M  189M  826M  19% /boot
tmpfs                     814M     0  814M   0% /run/user/0
[root@k8sn111 nrpe]#
```

图 7-30

切换到 Centreon 后台管理界面，查看页面显示状态，看是否有醒目的告警（如图 7-31 所示）。

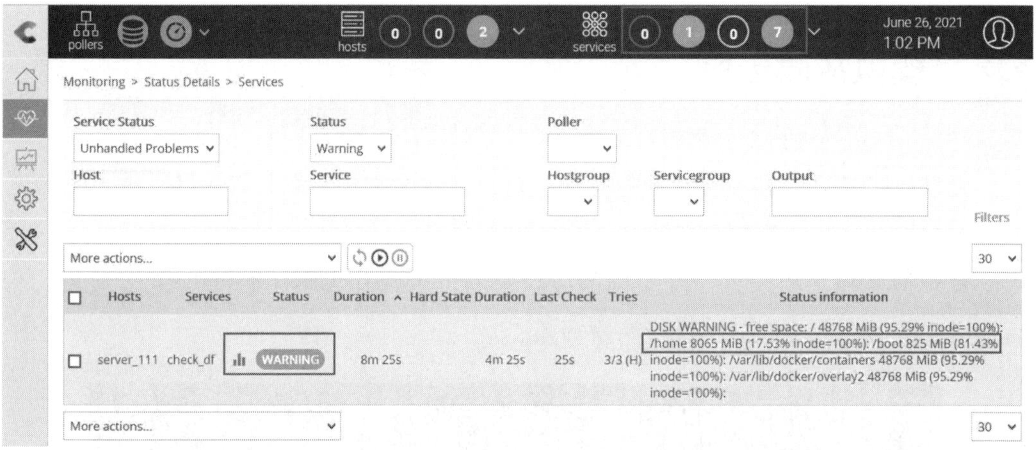

图 7-31

当监控达到设定的最大重试次数后，钉钉客户端将收到报警信息（当然还可能收到告警邮件），如图 7-32 所示。

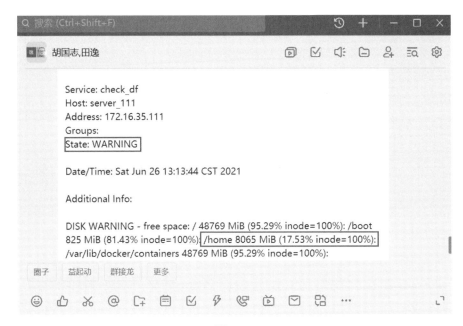

图 7-32

第二次，写入一个 42GB 的文件，占用整个磁盘空间的 90%（如图 7-33 所示）。

```
dd if=/dev/zero of=/home/diskfull.drill bs=1G count=42
42+0 records in
42+0 records out
45097156608 bytes (45 GB) copied, 688.817 s, 65.5 MB/s
[root@k8sn111 ~]# df -h
Filesystem               Size  Used Avail Use% Mounted on
devtmpfs                 4.0G     0  4.0G   0% /dev
tmpfs                    4.0G     0  4.0G   0% /dev/shm
tmpfs                    4.0G  8.6M  4.0G   1% /run
tmpfs                    4.0G     0  4.0G   0% /sys/fs/cgroup
/dev/mapper/centos-root   50G  2.4G   48G   5% /
/dev/sda1               1014M  189M  826M  19% /boot
/dev/mapper/centos-home   45G   43G  2.9G  94% /home
tmpfs                    814M     0  814M   0% /run/user/0
[root@k8sn111 ~]#
```

图 7-33

切换到 Centreon 后台管理界面，查看页面状态（如图 7-34 所示）。

图 7-34

WARNING 告警是黄色，而 CRITICAL（严重）告警则是更醒目的红色，同时，钉钉发来告警信息，如图 7-35 所示。

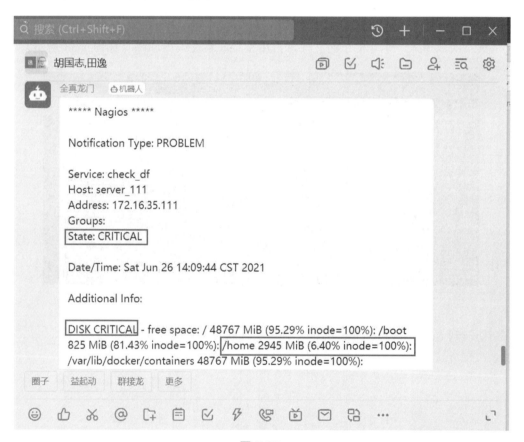

图 7-35

从告警信息，可以大概了解发生故障的原因，有利于快速定位故障。

清理掉测试写入的大文件（rm -rf/home/diskfull.drill），使磁盘空间容量恢复到可用状态（如图 7-36 所示）。

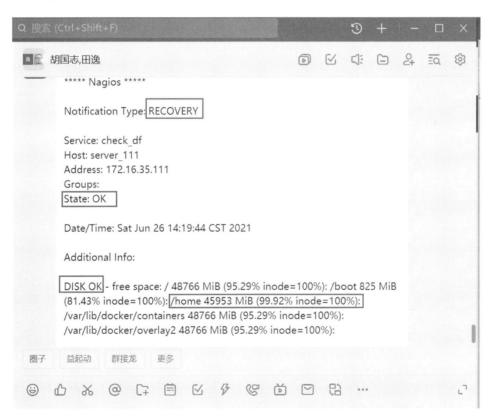

图 7-36

然后再观察告警页面和钉钉告警信息，通知类型为"RECOVERY"，状态为"OK"，如图 7-37 所示。

图 7-37

到此为止，可以初步确认，对主机资源监控是有效的、正确的。当然，还可以根据自己的需求，增加其他资源监控项。

7.3 批量部署 NRPE 监控主机资源

被监控端一个系统一个系统地部署 NRPE，不但效率低下，而且也容易出错。鉴于资源监控大部分需求都相同，这里撰写了一个脚本，能完成自动安装、自动生成插件脚本、自动修改 NRPE 配置文件 nrpe.cfg、自动启动并自动随开机启动 NRPE 服务。

```bash
#!/bin/bash
#AUTHOR:sery
#Date: 2021-07-13
#E-mail: sery@163.com
#VX:formyz
#writed by sery(wx:formyz),in 2021-6-26
yum -y install gcc gcc-c++ make openssl openssl-devel wget net-tool
useradd nagios
chmod +x /etc/rc.d/rc.local
#install nrpe
cd
if [[ ! -f nrpe-4.0.2.tar.gz ]]
then
wget https://github.com/NagiosEnterprises/nrpe/releases/download/nrpe-4.0.2/nrpe-4.0.2.tar.gz
tar zxvf nrpe-4.0.2.tar.gz
cd  nrpe-4.0.2
./configure   --with-nagios-user=nagios --with-nagios-group=nagios --prefix=/usr/local/nrpe
make all
make install
make install-plug
make install-config
cd
fi
#install nagios-plugins
if [[ ! -f nagios-plugins-2.3.3.tar.gz ]]
then
wget --no-check-certificate https://nagios-plugins.org/download/nagios-plugins-2.3.3.tar.gz
tar zxvf nagios-plugins-2.3.3.tar.gz
cd nagios-plugins-2.3.3
```

```
./configure --with-nagios-user=nagios --with-nagios-group=nagios
--prefix=/usr/local/nrpe
make
make install
cd
fi
#write tcpconns script
echo > /usr/local/nrpe/libexec/check_tcpconns
cat >> /usr/local/nrpe/libexec/check_tcpconns <<done
#!/bin/bash
tcp_conns=\`netstat -an|grep tcp |grep EST|wc -l\`
if [[ \$tcp_conns -le \$1 ]]
then
echo "OK -connect count is \$tcp_conns"
exit 0
elif [[ \$tcp_conns -gt $1 ]] && [[ \$tcp_conns -lt $2 ]]
then
echo "WARNING -connect count is \$tcp_conns"
exit 1
else
echo  "CRITICAL -connect count is \$tcp_conns"
exit 2
fi
done
chmod +x /usr/local/nrpe/libexec/check_tcpconns
#modify nrpe.cfg
cd /usr/local/nrpe/etc
mon_ip=172.16.35.105
if [[ -f nrpe.cfg ]]
then
ipadd=$(ip add|grep eth0|grep inet | awk '{print $2}'|awk -F / '{print $1}')
sed -i "s/#server_address=127.0.0.1/server_address=${ipadd}/" nrpe.cfg
is_mon=`grep $mon_ip nrpe.cfg|grep -v grep |wc -l`
if [[ is_mon -eq 0 ]]
then
sed -i "s/allowed_hosts=127.0.0.1,/&$mon_ip,/" nrpe.cfg
fi
is_check_df=` grep check_df nrpe.cfg |grep -v grep|wc -l`
if  [[ $is_check_df -eq 0 ]]
```

```
echo "command[check_df]=/usr/local/nrpe/libexec/check_disk -X tmpfs
-X devtmpfs -w 20% -c 10%">>nrpe.cfg
fi
is_check_tcpconns=`grep check_tcpconns nrpe.cfg |grep -v grep|wc -l`
if  [[ $is_check_tcpconns -eq 0 ]]
then
echo "command[check_tcpconns]=/usr/local/nrpe/libexec/check_tcpconns
800 1000">>nrpe.cfg
fi
is_check_mem=`grep check_memuse nrpe.cfg |grep -v grep|wc -l`
if [[ $is_check_mem -eq 0 ]]
then
echo "command[check_memuse]=/usr/local/nrpe/libexec/check_swap -w
40% -c 20%">>nrpe.cfg
fi
fi
#start nrpe service
cd
/usr/local/nrpe/bin/nrpe -c /usr/local/nrpe/etc/nrpe.cfg -d
is_nrpe_start=`grep nrpe /etc/rc.local |grep -v grep|wc -l`
if [[ $is_nrpe_start -eq 0 ]]
then
echo "/usr/local/nrpe/bin/nrpe -c /usr/local/nrpe/etc/nrpe.cfg
-d">>/etc/rc.local
fi
exit 0
```

　　本脚本适用于 CentOS 7 各版本，能够数次执行而不会生成重复的内容，可放心使用。如果你的系统的网络设备名称不同，请根据你的系统输出做相应的更改，把 server_address 改成实际的网络地址。

第 8 章 监控生产环境之服务监控

8.1 监控服务

一个在系统上正常运行的服务（通常指网络），常常同时存在进程与监听端口，比如 Apache 服务，有进程常驻内存及 TCP 80 端口监听。也有少数服务没有监听端口，甚至连进程也不存在，比如著名的负载均衡服务 LVS，它是以内核模块加载的。虽然表现形式各有不同，但只要能有输出，都可以被 Centreon 无差别地监控。

8.1.1 监控负载均衡（Keepalived+HAProxy）

负载均衡服务，只有进程 Keepalived、HAProxy 同时常驻内存，并且 TCP 80 端口处于监听状态，才算是正常。根据这些条件，编写 shell 脚本，验证无误后，再将其整合到 Centreon 中。

手动编写脚本 check_ldblc，设定条件同时满足 Keepalived 进程数等于 2、HAProxy 进程数等于 1、TCP 80 端口监听数大于或等于 1，就认为负载均衡运行正常，脚本的内容如下：

```
#!/bin/bash
#Writedbyseryin 2021-06-30
keepalived_pid=`ps aux|grep keepalived| grep -v grep | wc -l`
haproxy_pid=`ps aux|grep haproxy| grep -v grep | wc -l`
tcp_80=`netstat -anp| grep 80|grep tcp| wc -l`
if [[ $keepalived_pid == 2 ]] && [[ $haproxy_pid == 1 ]] && [[ $tcp_80
-ge 1 ]]
then
echo $keepalived_pid $haproxy_pid
exit 0
else
echo "Its bad"
exit 2
fi
```

在一个正常运行的负载均衡器上运行此脚本，其结果如图 8-1 所示。

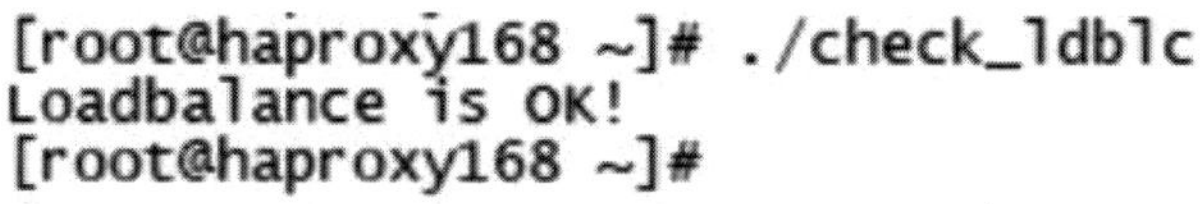

```
[root@haproxy168 ~]# ./check_ldblc
Loadbalance is OK!
[root@haproxy168 ~]#
```

图 8-1

把脚本的条件判断值做修改，比如修改 "$keepalived_pid == 5"，或者 "$tcp_80 gt 10000"，再运行脚本，其输出如图 8-2 所示。

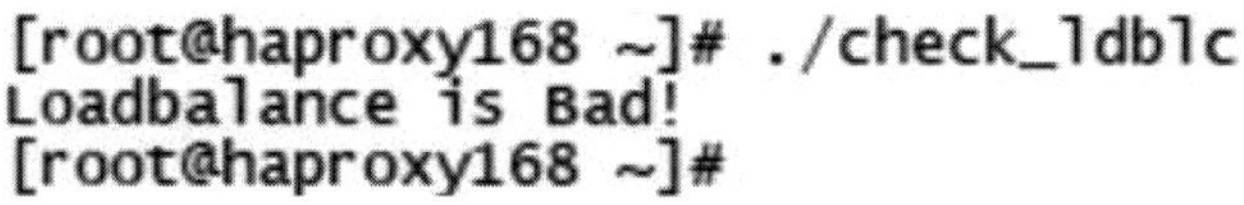

```
[root@haproxy168 ~]# ./check_ldblc
Loadbalance is Bad!
[root@haproxy168 ~]#
```

图 8-2

对比测试，说明撰写的脚本能够正常工作。

手动杀掉进程 Keepalived，模拟故障发生。然后再运行脚本 check_ldblc，看输出是否符合预期。如果输出为 "Loadbalanceis Bad"，再执行指令 "/usr/local/keepalived/sbin/keepalived -D" 启动进程 Keepalived，等待片刻，再执行脚本 check_ldblc，观察其输出是否为 "Loadbalance is OK！"。

现在，已经准备好插件脚本 check_ldblc，并且通过验证功能正常。接下来，将其配置到 NRPE 服务中。通过在配置文件 "/usr/local/nrpe/etc/nrpe.cfg" 增加文本行 "command[check_ldblc]=/usr/local/nrpe/libexec/check_ldblc"，重启 NRPE 服务，在监控服务器 CentreonCentral 命令行执行 "check_nrpe -H 172.16.98.168 -c check_ldblc" 检查其功能（如图 8-3 所示）。

```
[root@mon172 libexec]# ./check_nrpe  -H 172.16.98.168 -c check_ldblc
Loadbalance is OK!
[root@mon172 libexec]#
```

图 8-3

登录监控服务器 CentreonCentral 管理后台，添加负载均衡主机，再为其添加主机资源监控（过程请参照前文）及负载均衡服务监控。添加负载监控服务项与添加主机资源项基本相同，差异仅在命令参数值"check_ldblc"，如图 8-4 所示。

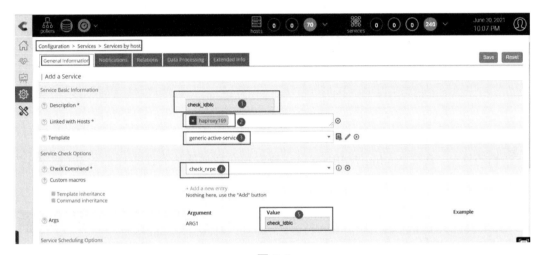

图 8-4

一个完整的负载均衡、负载监控项大致如图 8-5 所示，大家可以参照增减。

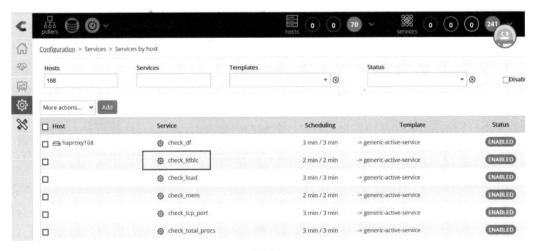

图 8-5

监控项目添加完毕后，执行 Poller 输出及重载 Centreon 监控引擎（如图 8-6 所示），顺便检测配置是否正确（通过控制台输出）。

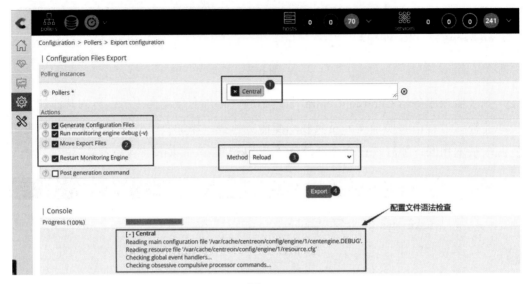

图 8-6

稍等片刻，系统 Pending 完毕，就可以查看该负载均衡所有监控项的状态（如图 8-7 所示）。

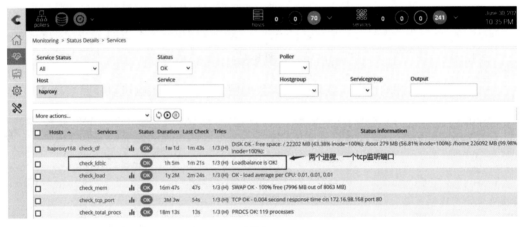

图 8-7

在不影响现有业务的情况下（系统是高可用架构，如果主负载均衡故障，备用负载均衡自动接管），手动杀掉进程 Keepalived，观察监控服务器 CentreonCentral 管理后台页面显示状态（如图 8-8 所示）。

图 8-8

与此同时，钉钉告警也发送故障信息，如图 8-9 所示。

图 8-9

再启动进程 Keepalived，服务恢复正常，CentreonCentral 管理页面"check_ldblc"颜色变回绿色，钉钉机器人发来服务恢复正常的信息。

8.1.2 监控 Proxmox VE 超融合集群

Proxmox VE（Proxmox Virtual Environment）简称 PVE，是一款能与 VMware 相匹敌的超融合虚拟化平台（如图 8-10 所示），其去中心化的特性使整个平台具备更高的可用性，因为没有控制中心，集群中的任意节点故障，都不会导致服务不可用。Proxmox VE 6 以后的版本，几乎所有的管控操作，都可以在 Web 管理界面轻松完成，真是系统管理员的福音啊。

图 8-10

Proxmox VE 正常运行主要涉及 Corosync 服务、Pveproxy 服务、CEPH 健康状态，只要这三个条件同时满足，就可以大致认为 Proxmox VE 是正常的。

（1）Corosync 服务，在系统中有且只有一个进程。

```
root@pve10:/usr/local/nrpe/libexec# ps auxww|grep corosync
root       2108  1.2  0.0 197332 72504 ?        SLsl  2018 17614:34 /usr/sbin/corosync -f
```

（2）Pveproxy 服务，此服务为 Proxmox VE 的 Web 管理后台。在系统中有多个进程，同时关联 TCP 监听端口 8006（如图 8-11 所示）。

```
root@pve10:/usr/local/nagios/libexec# ps auxww|grep pveproxy
www-data 2532868  0.0  0.0 565280 132244 ?       Ss    2019 17:41 pveproxy
www-data 3321399  0.3  0.0 576764 125512 ?       S    16:52  0:11 pveproxy worker
www-data 3330112  0.3  0.0 576892 125452 ?       S    17:09  0:11 pveproxy worker
www-data 3343249  0.3  0.0 576868 125376 ?       S    17:35  0:04 pveproxy worker
root     3353904  0.0  0.0  12784    968 pts/0   S+   17:57  0:00 grep pveproxy
root@pve10:/usr/local/nagios/libexec# netstat -anp| grep pveproxy
tcp        0      0 0.0.0.0:8006            0.0.0.0:*               LISTEN      2532868/pveproxy
tcp        0      0 172.16.98.10:8006       172.100.2.101:51770     ESTABLISHED 3343249/pveproxy wo
tcp        0      0 172.16.98.10:8006       172.100.2.101:51721     ESTABLISHED 3330112/pveproxy wo
tcp        0      0 172.16.98.10:8006       172.100.2.101:51771     ESTABLISHED 3321399/pveproxy wo
unix  3      [ ]         STREAM     CONNECTED     1418484628 3330112/pveproxy wo
unix  2      [ ]         DGRAM                    1417767398 2532868/pveproxy
unix  3      [ ]         STREAM     CONNECTED     1418442729 3321399/pveproxy wo
unix  3      [ ]         STREAM     CONNECTED     1418518270 3343249/pveproxy wo
root@pve10:/usr/local/nagios/libexec#
```

图 8-11

（3）CEPH 健康状态，在命令行执行"ceph health detail"，以其输出了解其运行是否正常（如图 8-12 所示）。

```
root@pve10:/usr/local/nagios/libexec# ceph health detail
HEALTH_OK
root@pve10:/usr/local/nagios/libexec#
```

图 8-12

根据上述三个条件，在目录"/usr/local/nrpe/libexec"下撰写 NRPE 插件脚本 check_pve，其内容如下：

```
#!/bin/bash
#Writed by sery(vx:formyz) in 2021-07-01
source /etc/profile
is_corosync=`ps aux| grep corosync|grep -v grep|wc -l`
pve_tcp8006=`netstat -anp| grep pveproxy | grep tcp| wc -l`
ceph_health=`ceph health detail| grep HEALTH|awk '{print $1}'`
if [[ $is_corosync == 1 ]] && [[ $pve_tcp8006 -ge 1 ]]
then
if  [[ $ceph_health = "HEALTH_OK" ]]
then
echo "Proxmox ceph VE is OK!"
exit 0
elif [[ $ceph_health = "HEALTH_WARN" ]]
then
echo "Proxmox VE ceph is WARNING"
exit 1
else
echo "Proxmox Ve is CRITICAL"
exit 2
fi
fi
```

在一个所有功能正常的 Proxmox VE 集群中运行插件脚本 check_pve，其输出结果如图 8-13 所示。

```
root@pve10:/usr/local/nagios/libexec# ./check_pve
Proxmox ceph VE is OK!
root@pve10:/usr/local/nagios/libexec#
```

图 8-13

如图 8-14 所示是一个存在故障的 Proxmox VE 集群，其他正常而 CEPH 异常。

图 8-14

把脚本 check_pve 复制到该集群的某个系统，运行脚本，其输出如图 8-15 所示。

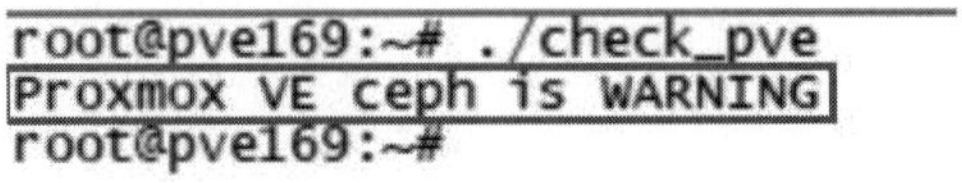

```
root@pve169:~# ./check_pve
Proxmox VE ceph is WARNING
root@pve169:~#
```

图 8-15

NRPE 配置文件 nrpe.cfg 新增一行文本"command[check_pve]=/usr/local/nrpe/libexec/check_pve"，重启 NRPE 服务后，从监控服务器 CentreonCentral 用插件 check_nrpe 进行验证，指令如下：

```
libexec/check_nrpe -H 172.16.98.10 -c check_pve
```

如果输出结果为"NRPE: Unable to read output"，表明 Nagios 账号权限不足，不能读取 CEPH 服务的相关配置。因此，需要用 sudo 给 Nagios 账号进行合理的授权，然后在监控服务器 CentreonCentral 再执行上述指令（如图 8-16 所示）。

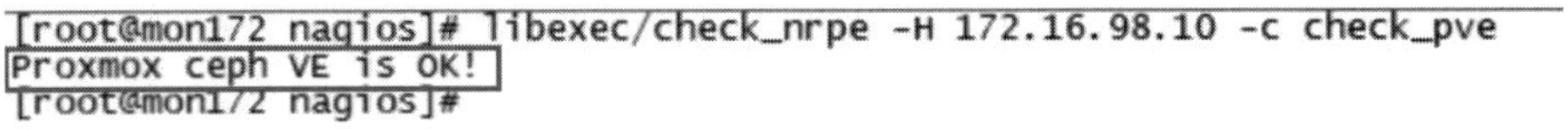

```
[root@mon172 nagios]# libexec/check_nrpe -H 172.16.98.10 -c check_pve
Proxmox ceph VE is OK!
[root@mon172 nagios]#
```

图 8-16

按照前面添加负载均衡监控项的方法，把 check_pve 在 CentreonCentral 的 Web 管理后台给添加上（如图 8-17 所示）。

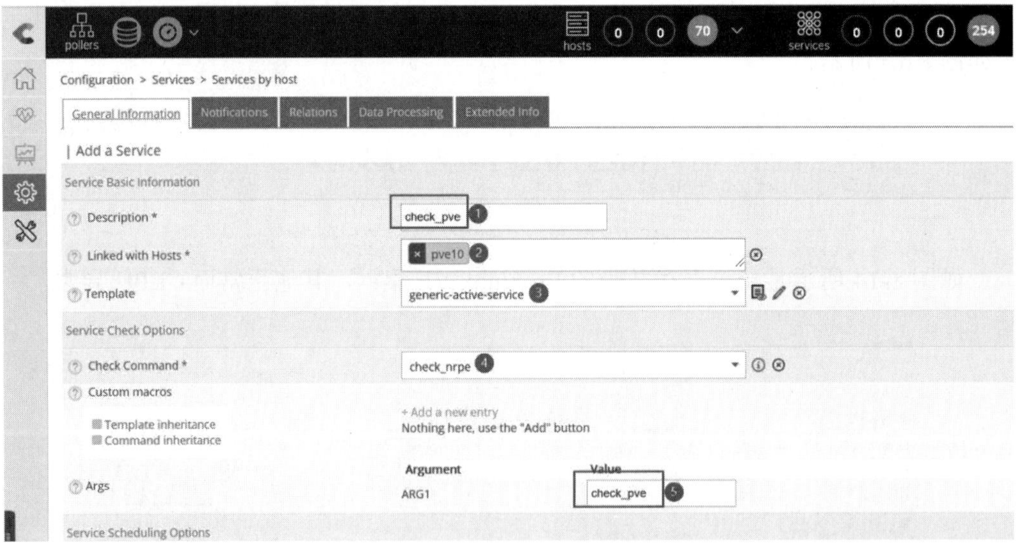

图 8-17

输出 CentreonCentral Poller，重载 Centreon 引擎，Proxmox VE 监控项添加成功（如图 8-18 所示）。

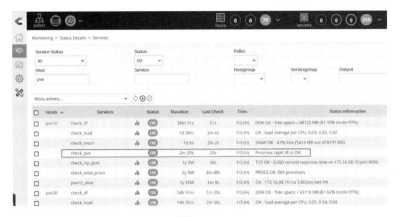

图 8-18

8.2 监控小型站点

一个小型站点一般包括 Web 前端、应用服务以及后端的数据库，比如"Nginx+PHP+MySQL"。对于这样的情形，可以对每一项单独监控，然后再准备一个脚本，做一个综合的判断。

8.2.1 监控 Nginx 服务

监控服务器 CentreonCentral 通过检查被监控端的 TCP 80 端口，来监控 Nginx 服务是否处于正常状态。Nagios 有一个插件 check_tcp，将其加到 CentreonCentral Web 管理后台配置项中，操作如图 8-19 所示。

图 8-19

接着再为被监控主机添加相应的服务，如图 8-20 所示。

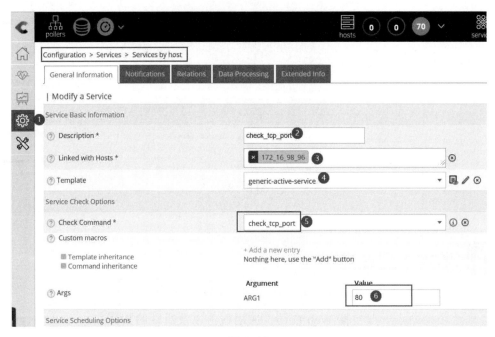

图 8-20

8.2.2 监控 PHP 服务

PHP 服务虽然也有 TCP 监听端口（9000），但一般不能像 Nginx 服务那样从远程进行连接或访问（如图 8-21 所示）。

```
[root@mon172 nagios]# libexec/check_tcp -H 172.16.98.96 -p 80
TCP OK - 0.001 second response time on 172.16.98.96 port 80|time=0.000589s;;;0.000000;10.000000
[root@mon172 nagios]# libexec/check_tcp -H 172.16.98.96 -p 9000
connect to address 172.16.98.96 and port 9000: Connection refused
[root@mon172 nagios]#
```

图 8-21

借助 NRPE，通过监控 PHP 进程及本地 TCP 9000 端口，来判断 PHP 服务是否正常。在被监控主机目录"/usr/local/nrpe/libexec"编写 Nagios 插件脚本 check_php，内容如下：

```
#!/bin/bash
#write by sery in 2021-07-03
source /etc/profile
tcp_9000=`netstat -anp| grep 9000|grep -v grep |wc -l`
is_php=`ps aux| grep php-fpm|grep -v grep |wc -l`
if [[ $is_php -ge 1 ]] && [[ $tcp_9000 -ge 1 ]]
```

```
then
echo "PHP service is OK!"
exit 0
else
echo "PHP service is BAD!"
exit 1
fi
```

通过关闭及启动 PHP 服务，对比测试脚本的正确性，执行过程及结果如图 8-22 所示。

```
[root@itpubbs-96 nagios]# chmod +x  libexec/check_php
[root@itpubbs-96 nagios]# libexec/check_php
PHP servcie is OK!
[root@itpubbs-96 nagios]# libexec/check_php  关闭PHP服务
PHP service  is BAD!
```

图 8-22

从测试结果可知，插件脚本功能正常，满足需求。修改 NRPE 配置文件 nrpe.cfg，新增文本行"command[check_php]=/usr/local/nrpe/libexec/check_php"，重启 NRPE 服务，监控服务器端用指令"libexec/check_nrpe -H 172.16.98.96 -c check_php"验证一次。接着，将此监控项添加到 CentreonCentral（如图 8-23 所示）。

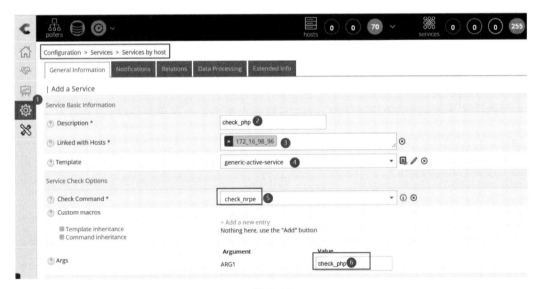

图 8-23

8.2.3 监控 MySQL 数据库

可用现成的 Nagios 插件 check_mysql_health，也可以自己写一个 Nagios 插件脚本来监控 MySQL 数据库。在这里，将用两种形式来实现对 MySQL 的监控，一个是监控 MySQL 的连接数，另一个是监控 MySQL 主从复制。

1. 使用 Nagios 插件 check_mysql_health

从 Nagios Exchange 站点搜索 check_mysql_health，可知其下载地址为 "https://labs.consol.de/assets/downloads/nagios/check_mysql_health-2.2.2.tar.gz"。在监控服务器命令行下，执行如下操作进行插件的下载及安装。

```
wget https://labs.consol.de/assets/downloads/nagios/check_mysql_health-2.2.2.tar.gz
tar zxvf check_mysql_health-2.2.2.tar.gz
cd check_mysql_health-2.2.2
ls -al /usr/local/
./configure --prefix=/usr/local/nrpe/ --with-nagios-user=nagios --with-nagios-group=nagios
make
make install
```

远程数据库服务器，创建一个数据库"nagios"，并创建账号"nagios"，把数据库授权给账号"nagios"，密码为"7tZWHyT1rXDk0EF"。从监控服务器命令行执行：

```
libexec/check_mysql_health --hostname 172.16.98.122 --username nagios --database nagios --password 7tZWHyT1rXDk0EF --port 3306 --mode threads-connected --warning 700 --critical 1000
```

执行完毕，输出远端数据库当前连接数及连接阈值（如图 8-24 所示）。

```
OK - 2 client connection threads | threads_connected=2;700;1000
[root@mon172 nagios]#
```

图 8-24

这个插件指令带多个参数，需要仔细记录下来，以便在 Centreon 管理后台添加监控项的时候不出差错。切换到 Centreon 管理后台，添加一个命令项，命名为"check_mysql"，类型为"Check"，命令行（Command Line）内容为"/usr/local/nagios/libexec/check_mysql_health --hostname $HOSTNAME$ --port $ARG1$ --username $ARG2$ --password $ARG3$ --database $ARG4$ --mode $ARG5$ --warning $ARG6$ --critical $ARG7$"。所有的输入及操作如图 8-25 所示。

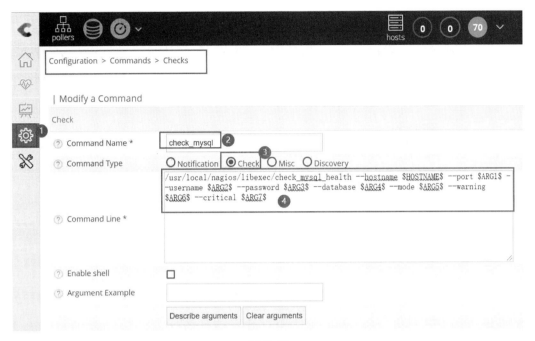

图 8-25

命令行带七个参数,在后面添加服务监控项的时候,很容易混淆,因此给每个参数做一个描述,是一个很好的习惯,方便区分。单击图 8-25 中的"Describe arguments"按钮,把参数设置为方便阅读的别名(如图 8-26 所示)。

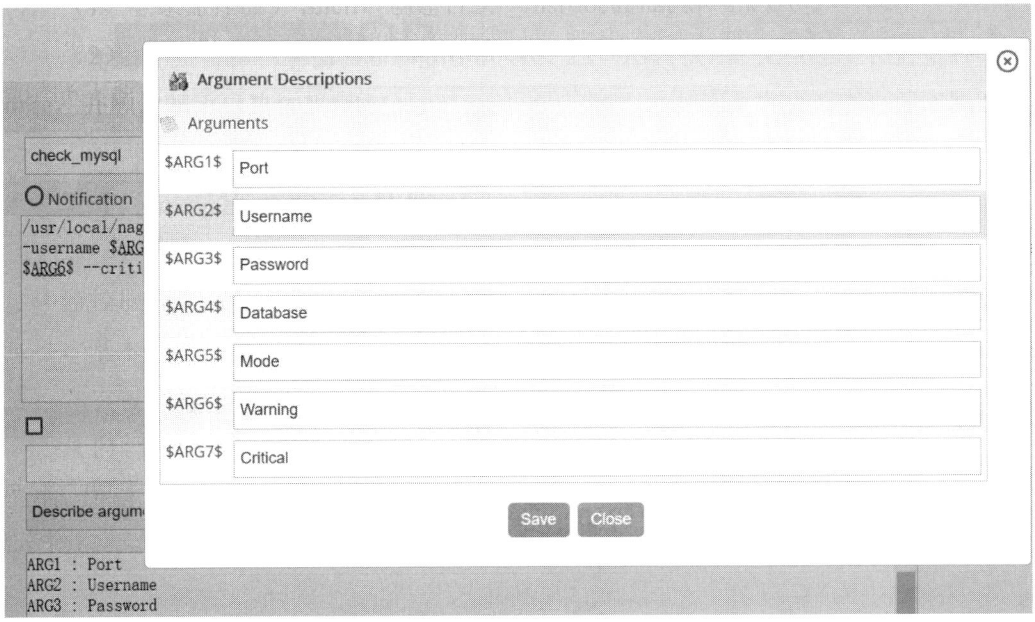

图 8-26

编辑完毕后，保存，回到主界面，参数值与对应的内容一目了然（如图8-27所示）。

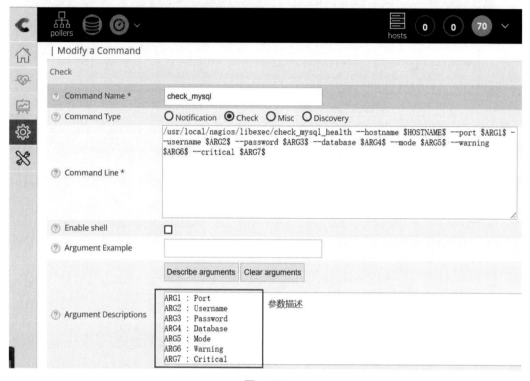

图 8-27

添加监控项MySQL，特别要注意，主机名要用IP地址（如图8-28所示），否则插件检查时，宏定义$HOSTNAME$直接应用字符串，而不是解析成主机地址，导致数据库远程连接失败。

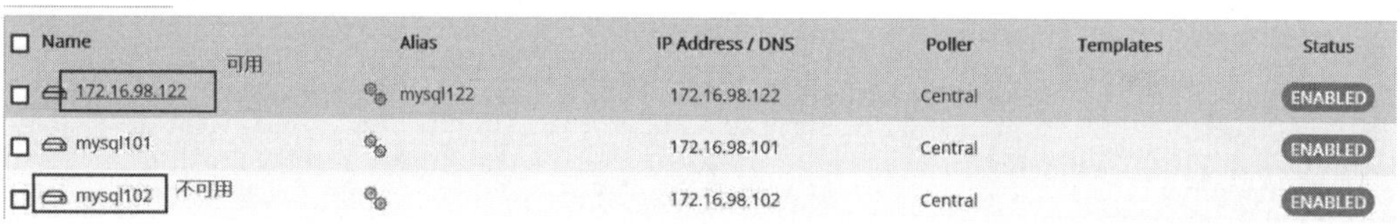

图 8-28

为方便维护及管理，服务描述定义为"check_mysql"，关联主机为数据库服务器所在的IP地址。所有的操作及输入如图8-29所示。

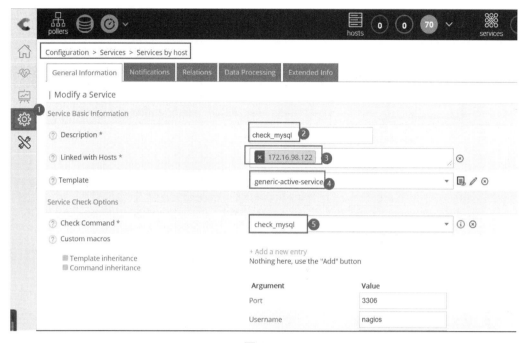

图 8-29

下拉页面滚动条，前面设定好的参数描述在这里就很有用了，依照相关设定，把参数填写到对应的编辑框（如图 8-30 所示）。

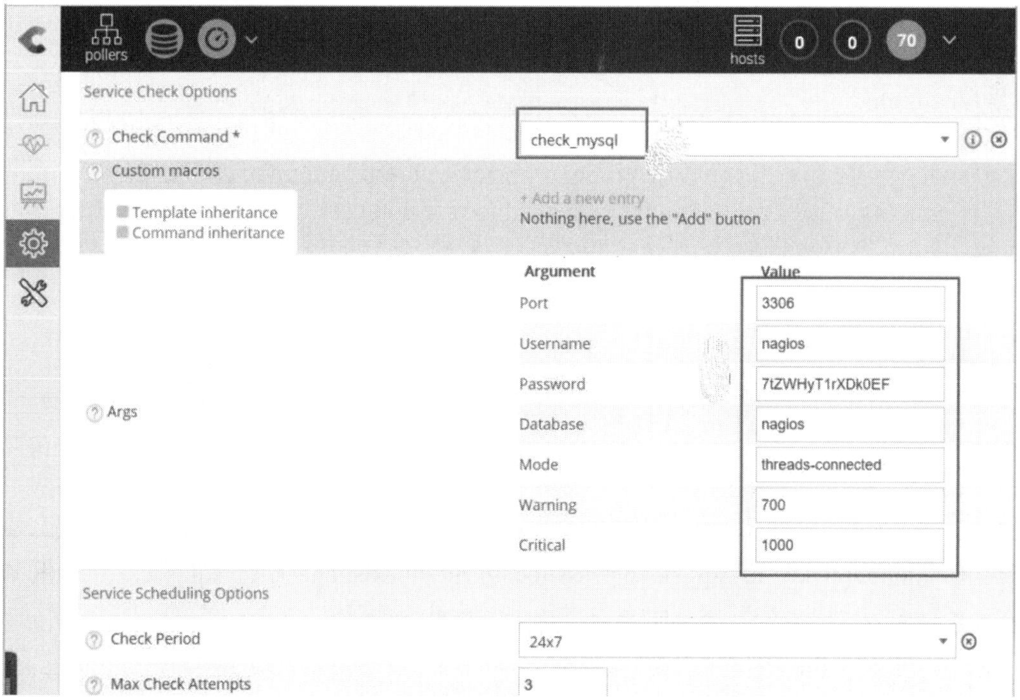

图 8-30

按照前面的步骤把相关内容填写完毕，重启 CentreonCentral 引擎，使监控生效（如图 8-31 所示）。

图 8-31

2. 监控 MySQL 主从复制

MySQL 数据库主从复制是否正常，通常情况下，是通过执行 MySQL 语句"show slave status\G"，观察其输出进行判定，如果"Slave_IO_Running:"与"Slave_SQL_Running:"的值都为"Yes"，表明主从复制正常。根据这个基本条件，在被监控数据库服务器目录"/usr/local/nrpe/libexec"中编写脚本 check_mysql_slave，其内容如下：

```
#!/bin/sh
declare -a    slave_is
slave_is=($(/usr/local/mysql/bin/mysql -unagios -pnagios    -e "show slave status\G"|grep Running |awk '{print $2}'))
if  [ [ "${slave_is[0]}" = "Yes" ]] && [[ "${slave_is[1]}" = "Yes"  ]]
then
echo "OK -slave is running"
exit 0
else
echo "Critical -slave is error"
exit 2
```

脚本 check_mysql_slave 功能测试没问题后，修改配置文件 nrpe.cfg，新增文本行"Command[check_mysql_slave]=/usr/local/nrpe/libexec/check_mysql_slave"，重启 NRPE 服务。后续操作，请参照前文，这里不再赘述。

8.2.4 综合性监控

为准确掌握站点的可用性，可考虑用一个对象来同时检测 Nginx、PHP 及数据库的运行状态。基本思路是，写一个 PHP 文件，该文件的主要工作就是对数据库进行查询。当任何一个服务发生故障时，可通过 HTTP 状态码进行可用性判别。

在站点设定的目录下（也可以是站点的根），编写 check_site.php 文件，其内容如下：

```php
<?php
$servername = "localhost";
$username = "nagios";
$password = "scd736Ydb#G";
try {
$conn = new PDO("mysql:host=$servername;", $username, $password);
echo "连接成功";
}
catch(PDOException $e)
{
echo $e->getMessage();
header("HTTP/1.0 500 [Databaseiserror]");
}
?>
```

关闭与启动数据库，在监控服务器端，用插件 check_http 对比测试此 url，指令及输出如下：

```
[root@mon172 libexec]# ./check_http -H  172.16.98.235 -u http://172.16.98.235/check_url.php
HTTP OK: HTTP/1.1 200 OK - 229 bytes in 0.003 second response time |time=0.003376s;;;0.000000 size=229B;;;0

[root@mon172 libexec]# ./check_http -H  172.16.98.235 -u http://172.16.98.235/check_url.php
HTTP CRITICAL: HTTP/1.1 500 [Database is error] - 260 bytes in 0.003 second response time |time=0.003423s;;;0.000000 size=260B;;;0
```

不同的输出结果，正是我们所期待的。登录 Centreon 管理后台，添加主机 172.16.98.235，再添加服务 check_url，并把它与主机 172.16.35.235 相关联，如图 8-32 所示。

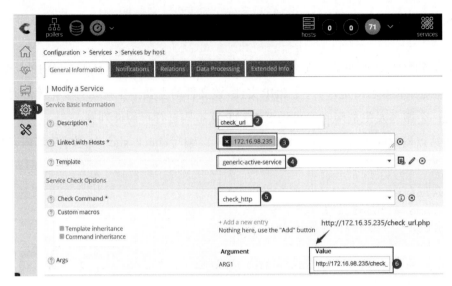

图 8-32

添加完毕后，重载 Centreon Engine，使配置生效。保持 Nginx 与 PHP 服务正常，关闭 MySQL 数据库，观察管理后台页面显示状态（如图 8-33 所示）。

图 8-33

几次失败检查重试之后，钉钉机器人告警信息也发送过来了（如图 8-34 所示）。

图 8-34

照此法单独启停 PHP 及 Nginx，检查监控的有效性。

第 9 章 Centreon 日常维护及管理

在投入生产以后，Centreon 的部署及初始化设置一般不再推倒重来。大量的时间将被花在日常维护及管理上。维护与管理是两个不同的层面，接下来分别说明。

9.1 Centreon 日常维护

维护的主要目的是保证 Centreon 尽可能可靠地运行。这些工作包括：启停与 Centreon 相关的各种服务、数据备份、故障排查等。

9.1.1 Centreon 相关服务的启停

以 ISO 镜像文件进行安装的 Centreon 系统，所有相关的服务都可以用 CentOS 的服务工具"systemctl"来操作，包括升级后的版本。

为了保证系统少受干扰，尽量关闭防火墙及 Selinux，检查指令如下：

```
# 使Selinux失效
[root@mon172 ~]# getenforce
Disabled
[root@mon172 ~]# systemctl status firewalld
firewalld.service - firewalld - dynamic firewall daemon
Loaded: loaded (/usr/lib/systemd/system/firewalld.service; disabled;
vendor preset: enabled)
Active: inactive (dead)
Docs: man:firewalld(1)

# 关闭防火墙
[root@mon172 ~]# systemctldisablefirewalld
[root@mon172 ~]# systemctlstop firewalld
[root@mon172 ~]# iptables -F
[root@mon172 ~]# iptables -L -n
Chain INPUT (policy ACCEPT)
target     prot opt source               destination

Chain FORWARD (policy ACCEPT)
target     prot opt source               destination

Chain OUTPUT (policy ACCEPT)
target     prot opt source               destination
```

需要启动的服务如下：

```
systemctl start httpd24-httpd
systemctl start snmpd
systemctl start snmptrapd
systemctl start rh-php72-php-fpm
systemctl start gorgoned
systemctl start centreontrapd
systemctl start cbd
systemctl start centengine
systemctl start centreon
systemctl start mariadb
```

9.1.2　Centreon数据备份

　　Centreon涉及的重要数据有数据库、各种配置文件、插件文件（脚本）等，设置好备份计划以后，检查备份是否按计划进行，是否生成相应的备份文件。

1. 检查自动备份是否被设定

自动备份是在 CentreonCentral Web 管理后台的菜单项管理（Administration）→ 参数（Parameters）→ 备份（Backup）中进行设置的（如图 9-1 所示）。不在配置菜单下，有点出乎意料。

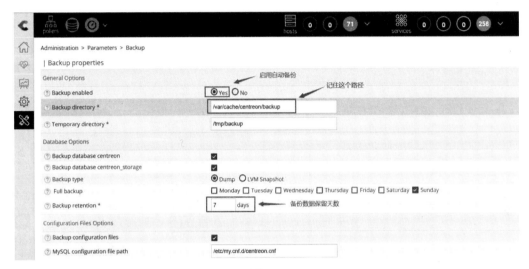

图 9-1

2. 检查服务 Crond 是否启动

自动计划任务由服务 Crond 控制，该服务需要随系统开机启动。

```
[root@mon135 backup]# systemctl status crond
crond.service - Command Scheduler
Loaded: loaded (/usr/lib/systemd/system/crond.service; enabled; vendor preset: enabled)
Active: active (running) since Thu 2021-05-13 13:00:22 CST; 1 months 26 days ago
Main PID: 668 (crond)
CGroup: /system.slice/crond.service
    └─668 /usr/sbin/crond -n

May 13 13:00:22 mon135.mumayi.com systemd[1]: Started Command Scheduler.
May 13 13:00:22 mon135.mumayi.com crond[668]: (CRON) INFO (RANDOM_DELAY will be scaled with factor 12% if used.)
May 13 13:00:22 mon135.mumayi.com crond[668]: (CRON) INFO (running with inotify support)
```

3. 检查备份文件是否生成

从自动备份设定操作界面，可知备份目录为"/var/cache/centreon/backup"，从系统命令行进入该目录。

```
[root@mon135 backup]# pwd
/var/cache/centreon/backup
[root@mon135 backup]# ls -al
total 607060
drwxrwxr-x. 2 centreon centreon      4096 Jul  9 21:49 .
drwxrwxr-x. 5 centreon centreon       130 Jul  4 07:31 ..
-rw-r--r--  1 root     root        196812 Jul  3 03:30 2021-07-03-central.tar.gz
-rw-r--r--  1 root     root       1390531 Jul  3 03:30 2021-07-03-centreon-engine.tar.gz
-rw-r--r--  1 root     root        193250 Jul  4 03:30 2021-07-04-central.tar.gz
-rw-r--r--  1 root     root       1408223 Jul  4 03:30 2021-07-04-centreon-engine.tar.gz
-rw-r--r--  1 root     root        107477 Jul  4 03:30 2021-07-04-centreon.sql.gz
-rw-r--r--  1 root     root     610270974 Jul  4 03:33 2021-07-04-centreon_storage.sql.gz
-rw-r--r--  1 root     root        194576 Jul  5 03:30 2021-07-05-central.tar.gz
-rw-r--r--  1 root     root       1408331 Jul  5 03:30 2021-07-05-centreon-engine.tar.gz
-rw-r--r--  1 root     root        195069 Jul  6 03:30 2021-07-06-central.tar.gz
-rw-r--r--  1 root     root       1406867 Jul  6 03:30 2021-07-06-centreon-engine.tar.gz
-rw-r--r--  1 root     root        195456 Jul  7 03:30 2021-07-07-central.tar.gz
-rw-r--r--  1 root     root       1410525 Jul  7 03:30 2021-07-07-centreon-engine.tar.gz
-rw-r--r--  1 root     root        195826 Jul  8 03:30 2021-07-08-central.tar.gz
-rw-r--r--  1 root     root       1414442 Jul  8 03:30 2021-07-08-centreon-engine.tar.gz
-rw-r--r--  1 root     root        196134 Jul  9 03:30 2021-07-09-central.tar.gz
-rw-r--r--  1 root     root       1412008 Jul  9 03:30 2021-07-09-centreon-engine.tar.gz
```

从输出可知，确实生成了备份文件；需要注意的是，配置文件的备份保留了7天的数据，而数据库备份数据仅保留一份。

4. 查看备份日志

有两个日志文件，一个是 Crond 日志，路径为"/var/log/cron-20210704"；一个是备份执行日志，路径为"/var/log/centreon/centreon-backup.log"。图 9-2 所示为自动任务执行日志，图 9-3 所示为备份日志。

```
[root@mon172 log]# more  /var/log/cron-20210704 |grep centreon-backup
Jun 28 03:30:01 mon172 CROND[10699]: (root) CMD (/usr/share/centreon/cron/centreon-backup.pl >> /var/log/centreon/centreon-backup.log 2>&1)
Jun 29 03:30:01 mon172 CROND[11936]: (root) CMD (/usr/share/centreon/cron/centreon-backup.pl >> /var/log/centreon/centreon-backup.log 2>&1)
Jun 30 03:30:01 mon172 CROND[10828]: (root) CMD (/usr/share/centreon/cron/centreon-backup.pl >> /var/log/centreon/centreon-backup.log 2>&1)
Jul  1 03:30:01 mon172 CROND[9325]: (root) CMD (/usr/share/centreon/cron/centreon-backup.pl >> /var/log/centreon/centreon-backup.log 2>&1)
Jul  2 03:30:01 mon172 CROND[14942]: (root) CMD (/usr/share/centreon/cron/centreon-backup.pl >> /var/log/centreon/centreon-backup.log 2>&1)
Jul  3 03:30:01 mon172 CROND[4794]: (root) CMD (/usr/share/centreon/cron/centreon-backup.pl >> /var/log/centreon/centreon-backup.log 2>&1)
[root@mon172 log]#
```

图 9-2

```
[root@mon172 centreon]# more /var/log/centreon/centreon-backup.log
[2021-07-04 03:30:01] Start central backup processus
[2021-07-04 03:30:02] Finish central backup processus
[2021-07-04 03:30:02] Start monitoring engine backup processus
No ssh keys for Centreon Engine
[2021-07-04 03:30:02] Finish monitoring engine backup processus
[2021-07-04 03:30:02] Start database backup processus
Get mysqldump of "centreon" database
Get mysqldump of "centreon_storage" database
[2021-07-04 03:33:29] Finish database backup processus
Delete file: 2021-06-27-central.tar.gz
Delete file: 2021-06-27-centreon-engine.tar.gz
Delete file: 2021-06-27-centreon.sql.gz
Delete file: 2021-06-27-centreon_storage.sql.gz
[2021-07-05 03:30:01] Start central backup processus
[2021-07-05 03:30:02] Finish central backup processus
[2021-07-05 03:30:02] Start monitoring engine backup processus
No ssh keys for Centreon Engine
[2021-07-05 03:30:02] Finish monitoring engine backup processus
[2021-07-05 03:30:02] Start database backup processus
[2021-07-05 03:30:02] Finish database backup processus
```

图 9-3

9.1.3　Centreon 故障处理

导致 Centreon 容易发生故障的因素大致有如下几类：

（1）执行系统升级，导致 CentreonCentral 管理后台页面出不来或者无法进行任何操作。

（2）大版本升级，导致 CentreonCentral 管理后台不能启动。

（3）NRPE 远程插件或者脚本执行失败。

（4）CentreonCentral 管理后台登录密码遗忘。

（5）CentreonCentral 管理后台 Poller 失效（一直显示黄色，重启或者重载 Centreon 引擎也无效）。

（6）远端代理 Poller 连接失败。

以上问题的处理思路分别如下：

（1）关闭浏览器，清理浏览器缓存，重新登录并按要求进行操作。

（2）关闭旧版本的服务，启动新的，特别是 Apache 及 PHP。

（3）脚本写得不规范或者权限不对，通过查看日志文件"/var/log/centreon-engine/centengine.log"或者同目录的归档（archive）来进行排查。

（4）CentreonCentral 管理后台数据库连接信息，存储在文件"/etc/centreon/conf.pm"，根据文件中的设定，登录到 MySQL 数据库，修改管理后台登录用户的密码。

```
[root@mon172 centreon]# more conf.pm
##############################################
# File Added by Centreon
#
$centreon_config = {
VarLib =>"/var/lib/centreon",
CentreonDir =>"/usr/share/centreon/",
"centreon_db" =>"centreon",
"centstorage_db" =>"centreon_storage",
"db_host" =>"localhost:3306",
"db_user" =>"centreon",
"db_passwd" => 'Tdwh3de%d'
};
# Central or Poller ?
$instance_mode = "central";
# Centreon Centcore Command File
$cmdFile = "/var/lib/centreon/centcore.cmd";
# Deprecated format of Config file.
$mysql_user = "centreon";
$mysql_passwd = ' Tdwh3de%d ';
$mysql_host = "localhost:3306";
$mysql_database_oreon = "centreon";
$mysql_database_ods = "centreon_storage";
1;
```

（5）从日志文件"/var/log/centreon-broker/central-broker-master.log"或者归档中进行排查。

（6）远端 Poller 相关服务没有启动，或者 CentreonCentral 在 NAT 之后。Poller 启动的服务为 gorgoned 与 centengine，同时远端 Poller 必须能直连 CentreonCentral 服

务器，如果在公网上，最好 CentreonCentral 与远端 Poller 都在公网上。

```
[root@mon172 centreon-broker]# netstat -anp| grep tcp| grep 120.192
tcp        0      0 142.26.89.127:58510      122.192.18.156:5556
TIME_WAIT  -
tcp        0      0 142.26.89.127:58518      122.192.18.156:5556
TIME_WAIT  -
tcp        0      0 142.26.89.127:5669       122.192.18.156:40914
ESTABLISHED 7426/cbd
```

从输出可知，CentreonCentral 与远端 Poller 是双向连接的，如果 CentreonCentral 处于 NAT 内，远端 Poller 将可能连接不到 CentreonCentral。

CentreonCentral 日常管理

日常管理工作大部分都是在 Web 管理后台进行，为安全起见，最好用工具（如 KeePass）设置管理员账号的密码，越复杂越好。

9.2.1 添加联系人 / 用户

1．添加管理员

CentreonCentral 后台管理，输入账号、全名、电子邮箱地址、关联到超级用户组，如图 9-4 所示。

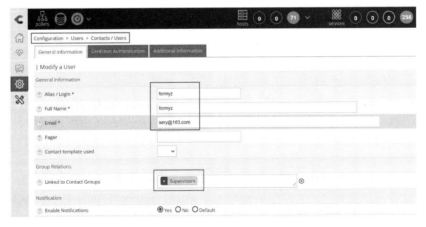

图 9-4

下拉浏览器滚动条，继续进行相关项的设定（如图 9-5 所示）。

图 9-5

主机通知命令"host-notify-by-ding"及服务通知命令"notify-service-by-ding"的设定，请参看前面的章节。选择主机通知及服务通知这两项的目的是，告警信息同时发送邮件及钉钉机器人。

给账号设定密码，需要切换到另外一个菜单界面"Centreon Authentication"，单击"Generate"按钮自动生成密码（如图 9-6 所示），牢记该密码或者把它保存到密码工具 KeePass 中。

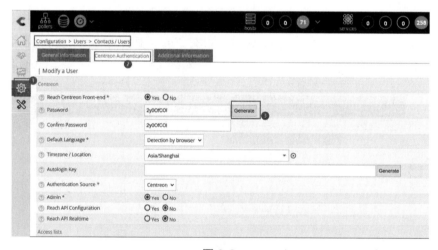

图 9-6

添加完管理员账号以后，在别的浏览器上用刚创建的账号进行登录，检查权限（如试着添加主机），以检验其正确性。

2. 添加普通用户

普通账号的添加，相对于管理员要复杂得多，因为需要对其权限进行有效的控制，即只许看不许改，并且不需要接收所有监控对象的告警信息。

CentreonCentral 添加普通用户涉及三个大的项：添加用户、添加组、添加访问控制。其中访问控制又包括：访问控制组（Access Groups）、访问菜单控制（Menus Access）、访问资源控制（Resources Access）、访问行为控制（Actions Access），如图 9-7 所示。

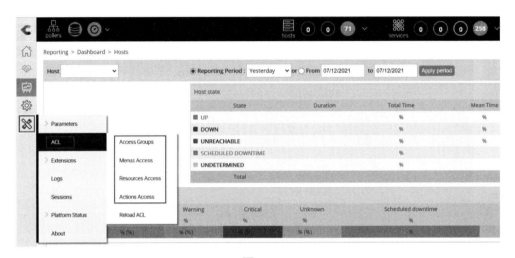

图 9-7

添加普通账号并给予合适的访问权限，这些操作并没有先后顺序，既可以先定义访问控制，也可以先创建账号，只要能将两者关联起来就行。假定账号"mydba"仅需要查看几台 MySQL 数据库的运行状态，具体步骤如下：

（1）创建用户"mydba"，暂时不关联联系组。所做的输入及选取，如图 9-8 所示。

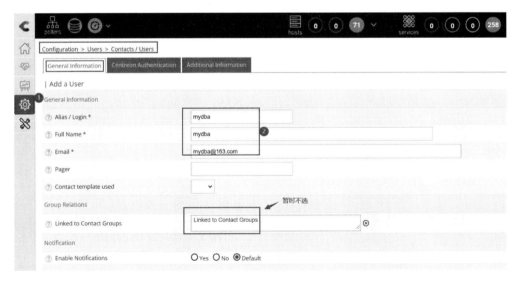

图 9-8

拉动滚动条，把剩余的项设定好（如图9-9所示）。

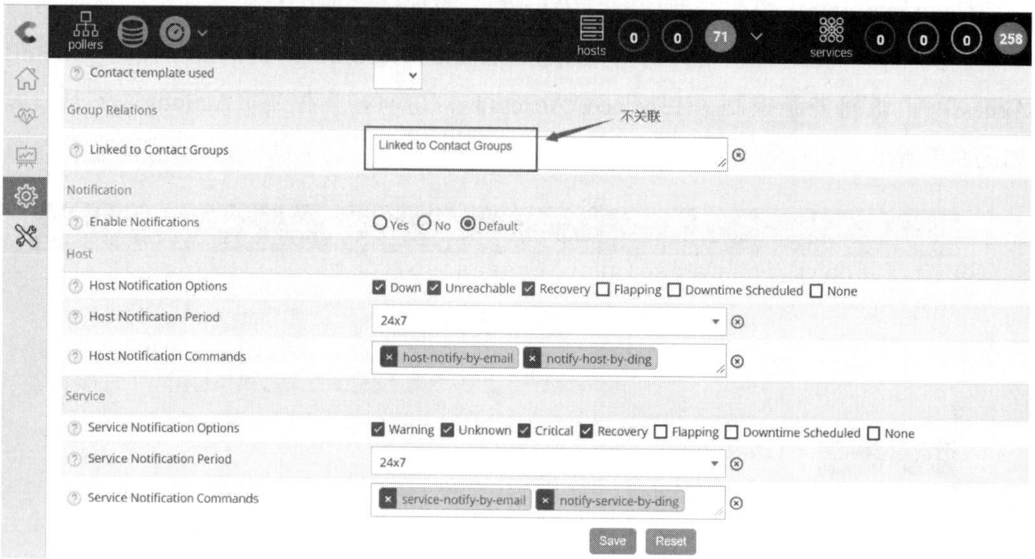

图9-9

在页面"Centreon Authentication"给用户"mydba"设定密码，具体过程参看本章前面的内容，这里不再赘述。

（2）添加联系组"dba_grp"。输入组名、别名、选定关联用户，暂时不关联访问控制组。所做的输入、选取如图9-10所示。

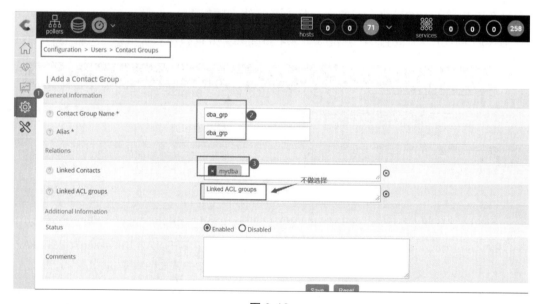

图9-10

（3）添加访问控制组"Access Groups"。输入组名"dba_acc_grp"，从联系人

及联系组里选定对象,单击"Add"按钮进行选定(如图 9-11 所示)。

图 9-11

(4)添加访问菜单控制"Menus Access"。填写名称,并把它与访问控制组"dba_acc_grp"关联起来(如图 9-12 所示)。

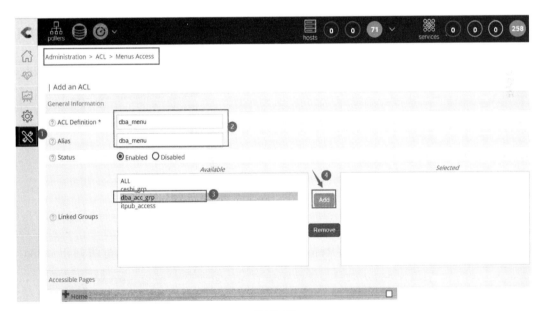

图 9-12

下拉浏览器滚动条,设定"Accessible Pages"(如图 9-13 所示)。

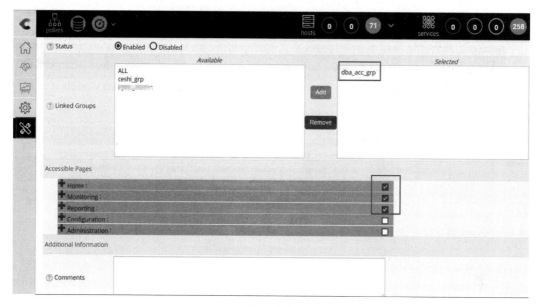

图 9-13

保存后使之立即生效(如图 9-14 所示)。

图 9-14

(5)添加访问资源控制"Resources Access"。填写名称,并与访问组"dba_acc_grp 关联"(如图 9-15 所示)。

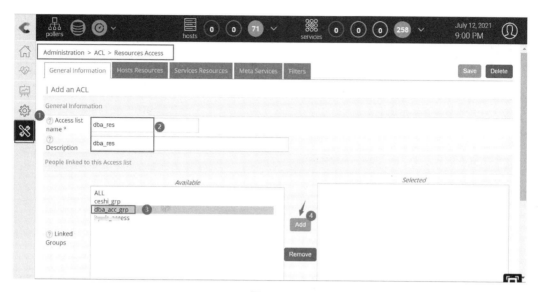

图 9-15

切换到页面菜单"Hosts Resources",选定账号"dba"授权访问的主机(如图 9-16 所示)。

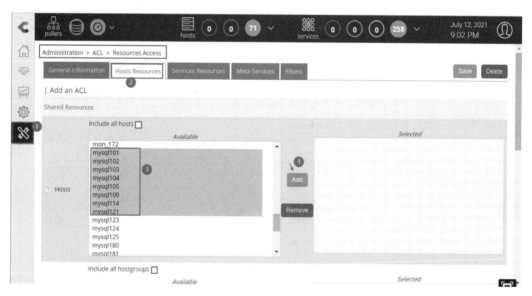

图 9-16

下拉页面滚动条,其他项保持默认,不做选择。其他三个页面菜单,也可以不用设定,单击"Save"按钮使设置生效。

(6)添加访问行为控制"Actions Access"。输入名称及别名,关联访问控制组"dba_acc_grp",如图 9-17 所示。

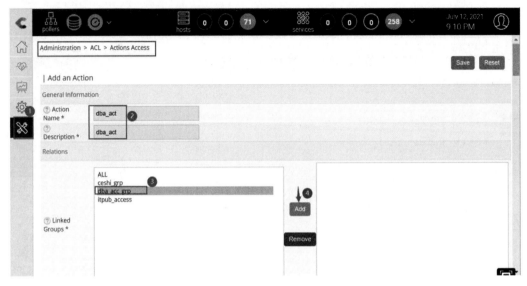

图 9-17

下拉浏览器滚动条，勾选 3 项，如图 9-18 所示。每项的说明如下：

① Display Top Counter：显示顶部计数器，如图 9-17 所示的数字 "71" "258" 等。

② Display Top Counter pollers statistics：显示 Poller 计数器状态，正常为绿色，异常为黄色或红色，如图 9-18 左上部时钟图标。

③ Display Poller Listing：显示 Poller 列表。

图 9-18

（7）切换到联系组页面 "Contact Groups"，确认关联关系是否生效，如图 9-19 所示。

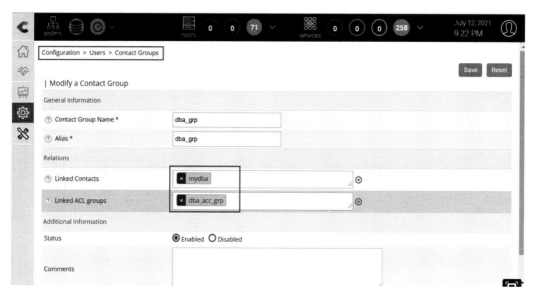

图 9-19

（8）将账号"mydba"关联到具体主机的附属服务项（如图 9-20 所示），以便可以接收告警信息。

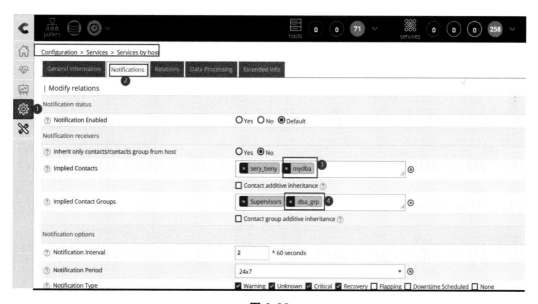

图 9-20

（9）以账号"mydba"重新登录 CentreonCentral（如图 9-21 所示），验证授权是否跟目标一致。

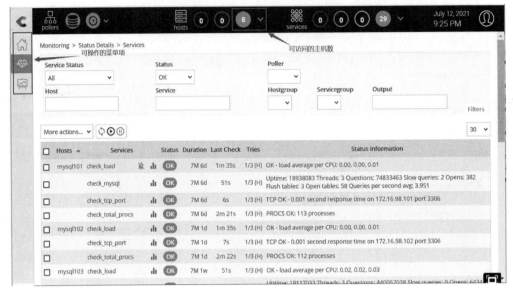

图 9-21

9.2.2 删除被监控主机

下线的被监控主机需要及时从监控项中删除，避免占用资源及误报。删除主机有顺序要求，即先删除主机关联的服务，再删除主机本身。

（1）删除主机关联的服务。以关键字搜索主机名，选中所有关联的服务（如图 9-22 所示）。

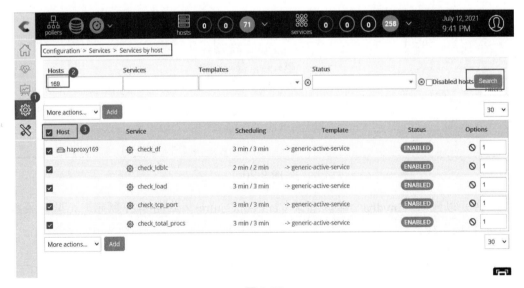

图 9-22

下拉列表框选"Delete"执行删除操作，如图 9-23 所示。

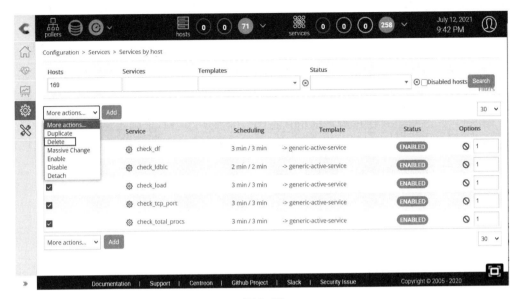

图 9-23

（2）删除未附加任何服务项的主机。搜索主机名，勾选后，下拉列表框选"Delete"执行删除（如图 9-24 所示）。为保险起见，删除前先做备份。

图 9-24

9.2.3 删除联系人/用户

相关责任人离开岗位以后，需要删除其在 CentreonCentral 管理平台创建的账号，一些项目组解散后，还应该将用户组、用户、访问控制（ACL）一起删除，不留隐患。如果是删除一个用户组，则需要先删除该组所包含的用户，然后再删除用户组。因删除操作比较简单，掌握好操作顺序即可，这里不再赘述。

9.3 Nagios 插件脚本撰写

Nagios 插件脚本大致可以分为两类：一类是判断某个对象是否存在（如进程）；另一类是判断某个对象是否处于一定范围（处于某个范围，状态正常"OK"；处于某个大一些的范围，状态警告"Warning"；处于某个更大一些的范围，严重警告"Critical"）。Nagios 通过脚本退出状态码（0、1、2、3）来确定返回正常或者警告或者严重警告。其中"0"代表正常，"1"代表警告，"2"代表严重警告，"3"代表未知。下面分别举例说明，供大家参考。

9.3.1 监控日志文件是否生成（check_logfile）

本实例用于检查负载均衡软件 HAProxy 是否生成独立的日志文件，撰写 Nagios 插件脚本文件 logfile，脚本中仅需退出状态码"0"和"2"，不需要中间状态，内容如下：

```bash
#!/bin/bash
#AUTHOR:sery
#Date: 2021-07-13
#E-mail: sery@163.com
#VX:formyz
source /etc/profile
cd /data/logs
logfile=$1
if [[ -f $logfile ]]
then
echo "$logfile is OK!"
exit 0
else
echo "$logfile is not exist!"
exit 2
fi
```

手动执行脚本，检查其有效性。

```
[root@haproxy168 ~]# ./is_logfile haproxy.log
"haproxy.log is OK!"
[root@haproxy168 ~]# ./is_logfile haproxy.lo
"haproxy.lo is not exist!"
```

9.3.2 监控日志文件大小（check_logsize）

服务运行中，会一直往磁盘写入日志，如果不对磁盘大小进行实时监控，很可能在毫不知情的状况下占满硬盘，导致服务甚至系统不可用，为了避免此问题发生，可以撰写一个 Nagios 插件脚本，对频繁写入的日志文件进行监控。设定一个条件：当日志文件大小小于或等于 4GB 属于正常状况"OK"，大于 4GB 且小于 8GB 发警告"Warning"，大于 8GB 发严重警告"Critical"。

```bash
#!/bin/bash
#AUTHOR:sery
#Date: 2021-07-13
#E-mail: sery@163.com
#VX:formyz
source /etc/profile
cd /data/logs
logfile=$1
is_logsize_GB=`du -hs $logfile |awk '{print $1}'|grep G|wc -l`
if [[ $is_logsize_GB -eq 1 ]]
then
logsize=`du -hs $logfile |awk '{print $1}'|sed s/G//|awk -F . '{print $1}'`
if [[ $logsize -le 4 ]]
then
echo "$logsize is OK!"
exit 0
elif [[ $logsize -gt 4 ]] && [[ $logsize -le 8 ]]
then
echo "$logsize\G is Warning!"
exit 1
else
echo "$logsize is Critical!"    exit 2
fi
else
logsize=`du -hs $logfile |awk '{print $1}'`
echo "$logsize is OK!"
exit 0
fi
```

手动自行脚本 check_logsize，验证该脚本的有效性。

```
# 日志文件 haproxy.log 尺寸大于设定值
[root@haproxy168 ~]# ./check_logsize /data/logs/haproxy.log
"8G is Warning!"
# 日志文件清零
[root@haproxy168 ~]# >/data/logs/haproxy.log
[root@haproxy168 ~]# ./check_logsize /data/logs/haproxy.log
"64M is OK!"
```

9.4 CentreonCentral 告警静默

在某些系统维护操作期间，为避免监控误报，需要让监控服务器对进行维护操作的机器保持静默，待恢复完毕后再启用监控检查。如果因为维护某些少数系统而关闭 Centreon 引擎或者把监控对象从 Centreon 删除，都是十分不明智的。

9.4.1 立刻保持静默

让某些计划维护中的系统，暂时立即停止对其监控，对其故障不发送报警信息，以免不必要的打扰。登录 CentreonCentral Web 管理后台，执行如下操作。

（1）选中正在维护中的主机及其相关服务，如图 9-25 所示。

图 9-25

（2）下拉列表框选择不检查主机"Hosts: Disable Check"（如图 9-26 所示），逐一选择其他项（每次只能操作一项）。

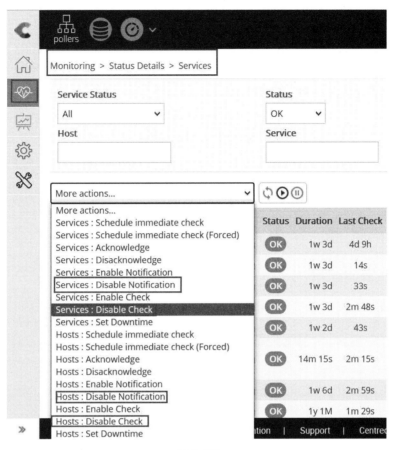

图 9-26

执行完毕，图标前面有明显的标志（如图 9-27 中方框中标志所示），并且监控马上保持静默，而其他主机的监控不受任何影响。

Hosts	Services	Status	Duration	Last Check	Tries	Status information
172.16.98.122	check_load	OK	1w 3d	4d 9h	1/3 (H)	OK - load average per CPU: 0.00, 0.00, 0.01
	check_mysql	OK	1w 3d	3m 19s	1/3 (H)	OK - 2 client connection threads
	check_tcp_port	OK	1w 3d	1m 38s	1/3 (H)	TCP OK - 0.001 second response time on 172.16.98.122 port 3306
	check_total_procs	OK	1w 3d	3m 53s	1/3 (H)	PROCS OK: 155 processes
172.16.98.235	check_url	OK	1w 2d	1m 48s	1/3 (H)	HTTP OK: HTTP/1.1 200 OK - 229 bytes in 0.002 second response time
172_16_98_110	check_tcp_port	OK	1y 1M	2m 34s	1/3 (H)	TCP OK - 0.001 second response time on 172.16.98.110 port 80
	check_total_procs	OK	1m 49s	1m 49s	2/3 (S)	PROCS OK: 216 processes

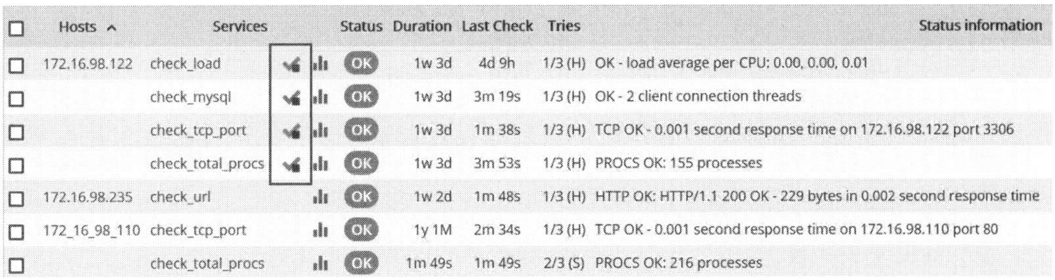

图 9-27

保持监控静默的主机维护完毕后，在相应的下拉列表中选择“Hosts: Enable Check”等项进行监控生效，监控服务项后面的标志 消失。

9.4.2 固定时间静默

在有把握的情况下，不想半夜起来配合开发部门熬夜，可以提前对需要计划维护的主机或者服务从 CentreonCentral 的监控里暂停检查和报警。登录 CentreonCentral Web 管理后台，执行如下操作进行固定时间静默设置。

（1）选定需要静默的主机或者主机所附属的服务项。

（2）在下拉列表中选择设定静默"Services: Set Downtime"，如图 9-28 所示。

图 9-28

（3）预估好时间，然后进行设定（如图 9-29 所示）。

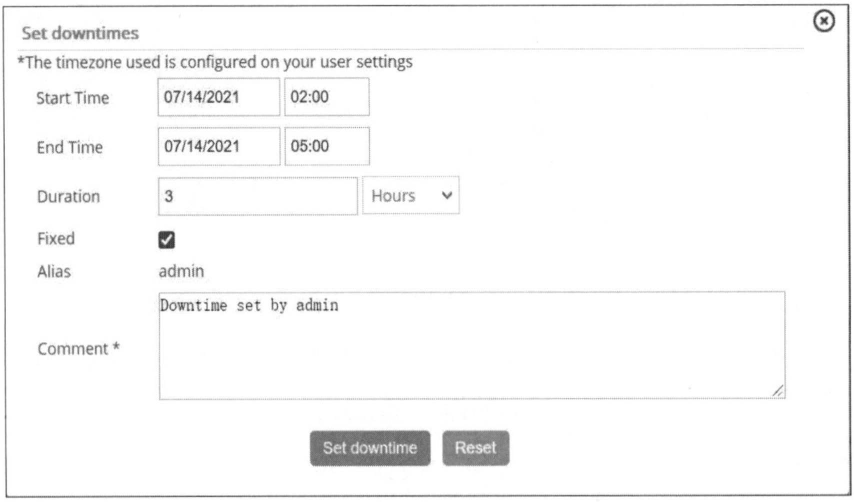

图 9-29

(4）单击设定固定时间静默的监控项（如图 9-30 所示）。

	Hosts ∧	Services	Status	Duration	Last Check	Tries	Status information
☐	172.16.98.122	check_load	ⅠⅠ OK	1w 3d	42s	1/3 (H)	OK - load average per CPU: 0.00, 0.00, 0.01
☐		check_mysql	ⅠⅠ OK	1w 3d	12s	1/3 (H)	OK - 2 client connection threads
☐		check_tcp_port	ⅠⅠ OK	1w 3d	1m 12s	1/3 (H)	TCP OK - 0.001 second response time on 172.16.98.122 port 3306
☐		check_total_procs	ⅠⅠ OK	1w 3d	1m 12s	1/3 (H)	PROCS OK: 155 processes
☐	172.16.98.235	check_url	ⅠⅠ OK	1w 2d	40s	1/3 (H)	HTTP OK: HTTP/1.1 200 OK - 229 bytes in 0.002 second response time

图 9-30

（5）将页面滚动条拉到最底下，可看到设定信息汇总（如图 9-31 所示）。

Host Name	Services	Entry Time	Author	Comments
172.16.98.122	check_mysql	July 14, 2021 12:50:56 AM	(Centreon Engine Process)	This service has been scheduled for fixed downtime from 14-07-2021 02:00:00 to 14-07-2021 05:00:00 Notifications for the service will not be sent out during that time period.

图 9-31

固定时间监控项静默，不需要手动进行反向恢复操作，时间到了，自动解除静默。

第 10 章 Centreon 的使用技巧

掌握一些关于 Centreon 的使用技巧，灵活调用，可以提高工作效率。本章就来介绍 Centreon 的一些使用技巧。

10.1 创建 Centreon 模板

从 CentreonCentral 管理后台，可以创建主机模板（Hosts）、服务模板（Services）及联系人模板。创建好模板，然后引用，能减少操作步骤，大大减少配置文件文本的行数，表 10-1 对此进行了比较。

表 10-1

不使用模板	使用模板

`define service {`
`  host_name 172.16.98.235`
`  service_description check_url`
`  contacts sery_tieny`
`  contact_groups Supervisors`
`  check_command check_http!http://172.16.98.235/check_url.php`
	`define service {`
	`  host_name 172.16.98.235`
	`  service_description check_load`
	`  contacts formyz`
	`  contact_groups Supervisors`
	`  register 1`
	`  use load_tmpt`

续表

check_period 24x7 notification_period 24x7 max_check_attempts 3 check_interval 2 retry_interval 2 notification_interval 2 notification_options w,u,c,r first_notification_delay 2 recovery_notification_delay 2 register 1 use generic-active-service _SERVICE_ID 506 }	_SERVICE_ID 508 }

对于一个规模比较大的受监控网络，引用模板的好处显而易见。当然，使用模板不是必选项，也不会影响到监控引擎的性能。由于创建主机模板、联系人模板与服务模板操作大同小异，因此这里就以创建服务模板为例，其他的模板参照此过程不会有什么难度。

登录 CentreonCentral Web 管理后台，执行下列步骤创建服务模板。其他模板可参考执行。

（1）调出模板菜单，如图 10-1 所示。

图 10-1

填写模板名称、别名及其他项（如图 10-2 所示）。

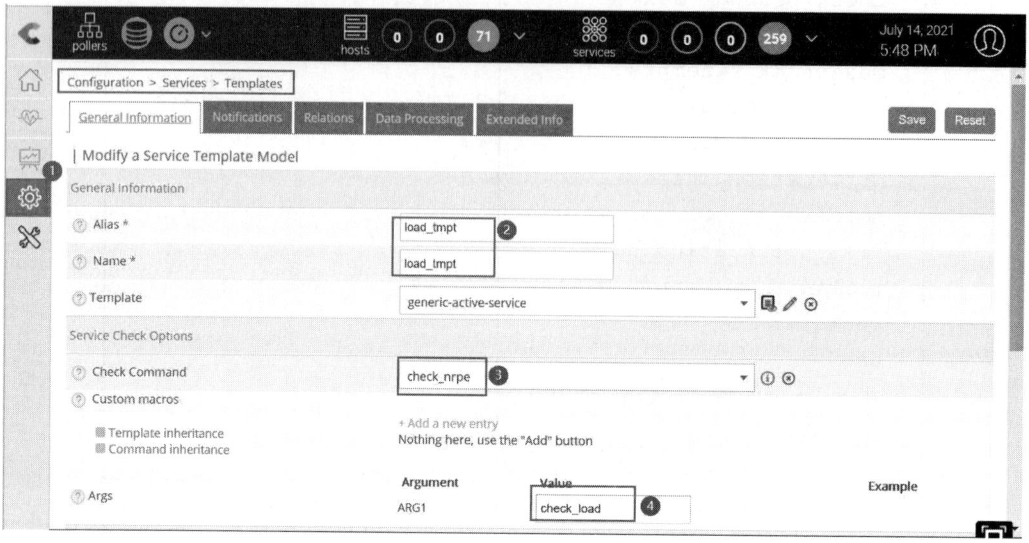

图 10-2

下拉浏览器页面滚动条，继续进行填写或者设定（如图 10-3 所示）。

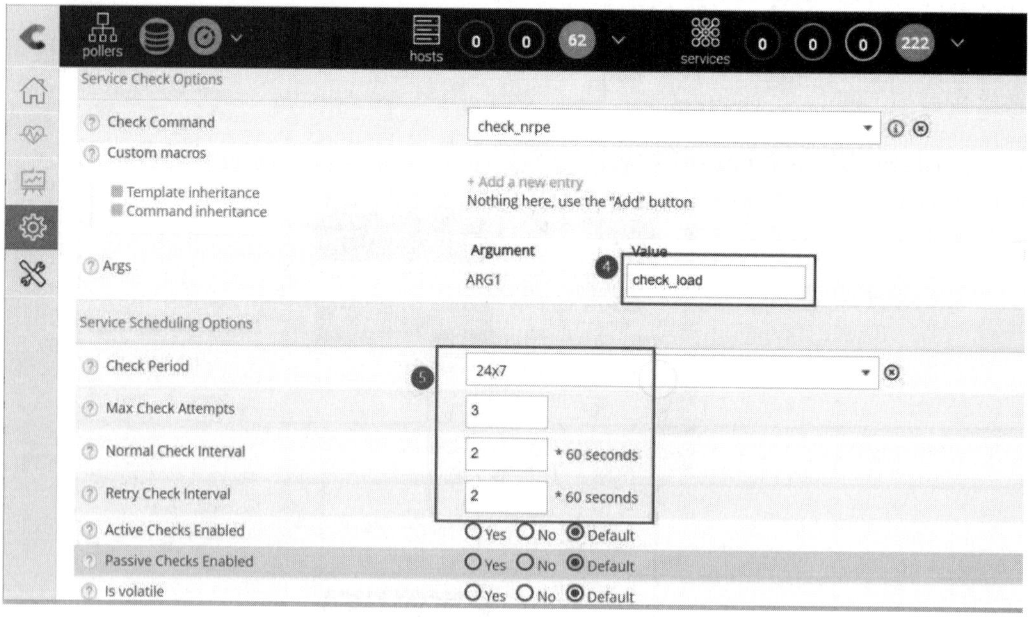

图 10-3

切换到页面菜单"Notifications"，继续进行设定或者填写，单击"Save"按钮使数据存入 MySQL 数据库（如图 10-4 所示）。

图 10-4

（2）创建监控服务项并引用服务模板（如图 10-5 所示）。

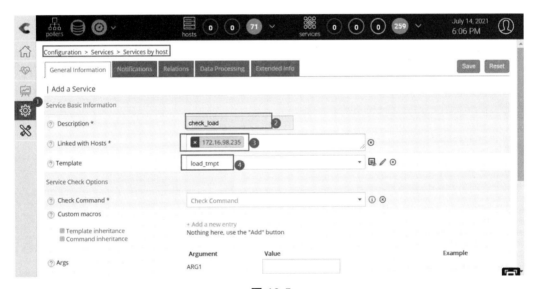

图 10-5

检查命令"Check Command"下拉列表框及编辑框，不做设定或填写（如图 10-6 所示）。

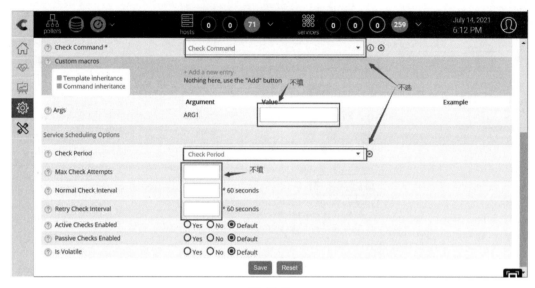

图 10-6

页面菜单"Notifications",也无须进行任何操作(如图 10-7 所示)。

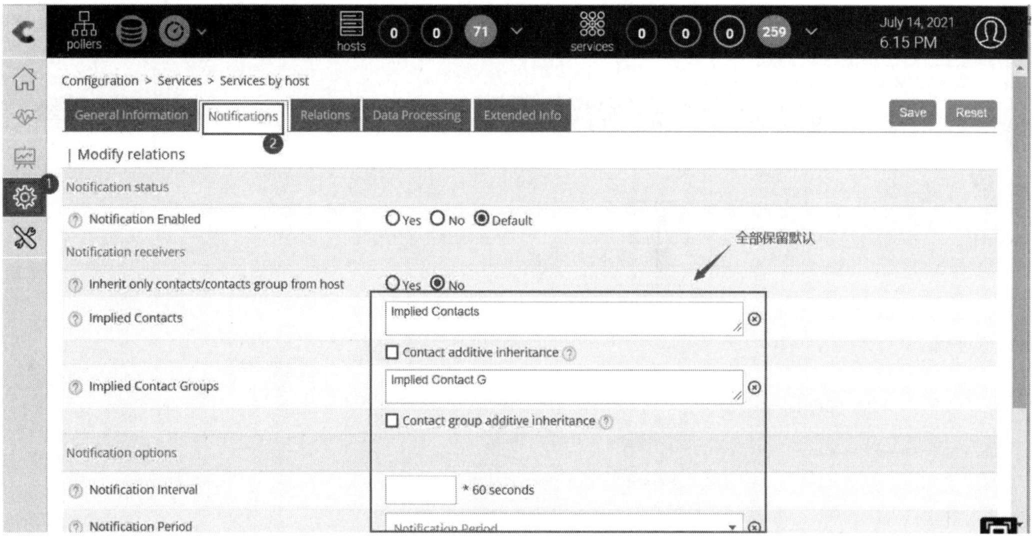

图 10-7

保存设置,并重载 Centreon 引擎(如图 10-8 所示)。

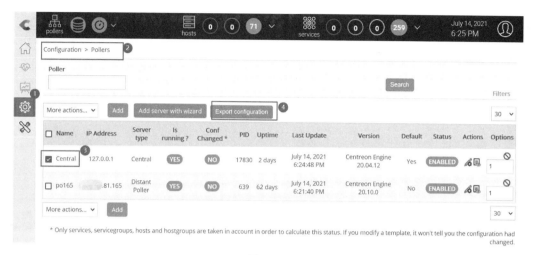

图 10-8

(3) 模拟服务故障,验证其有效性(如图 10-9 所示)。

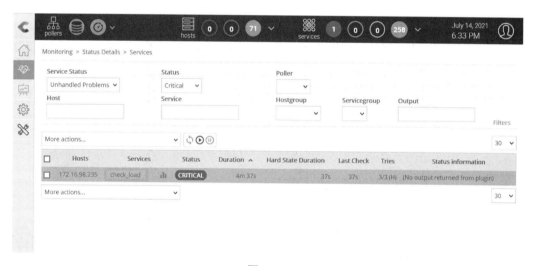

图 10-9

10.2 自定义 CentreonCentral 管理后台视图（Custom Views）

Centreon 视图"Views"是一种可视化状态汇总,直观且简洁(如图 10-10 所示)。

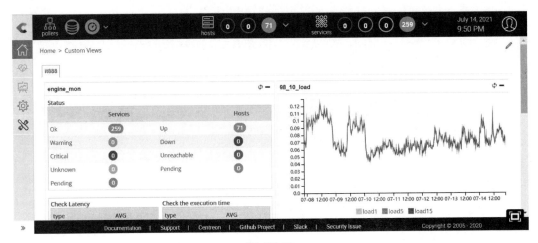

图 10-10

定制视图"Custom Views"页面的右上角有个笔状的图标,单击此图标(如图 10-11 中箭头所指),进入编辑模式。

图 10-11

弹出编辑窗口后,填写视图名称(如图 10-12 所示)。

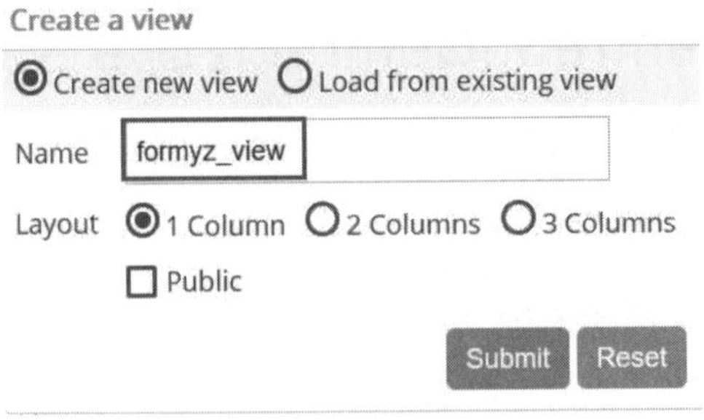

图 10-12

单击"Submit"按钮保存设置,单击页面顶部菜单"+Add widget"按钮(如图10-13所示),填写名称"best_system"(登录后台,最重要的系统的监控状态就显示在眼前)并单击"Submit"按钮保存设置。

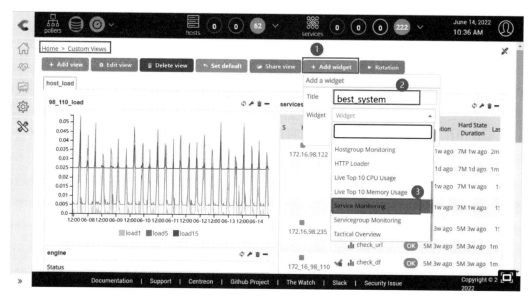

图 10-13

单击右上部扳手图标(图10-14中①),填写主机名"172.16.98.122",勾选需要的项(如图10-14所示),单击"Apply"按钮保存设置。

图 10-14

刷新页面,查看刚创建的视图(如图10-15所示)。

图 10-15

可以根据实际需要，创建更多类型的视图，也可以给单个视图关联多个"Widget"。

10.3 复制监控对象

使用复制添加监控对象，可以大大减少操作步骤。可以进行复制操作的监控对象有主机、服务、联系人等。复制监控对象的操作，大同小异，这里仅以复制联系人为例，供大家参考。

（1）勾选一个已经存在的联系人/用户（如图 10-16 所示）。

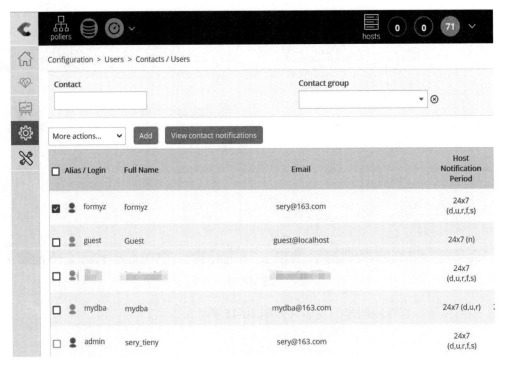

图 10-16

（2）下拉列表框选择复制"Duplicate"（如图10-17所示）。

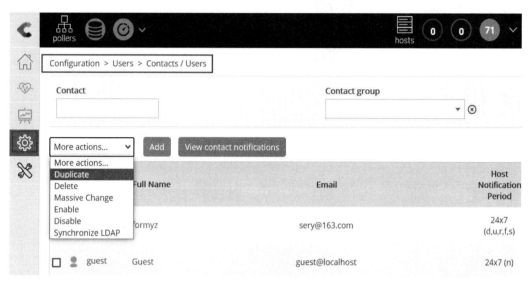

图 10-17

（3）单击刚复制出来的对象"formyz_1"（如图10-18所示）。

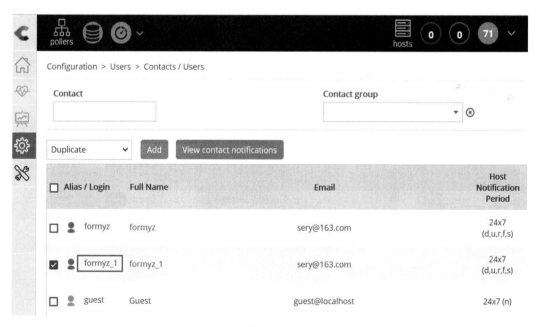

图 10-18

（4）根据需要进行修改，比如用户名、联系组等（如图10-19所示）。

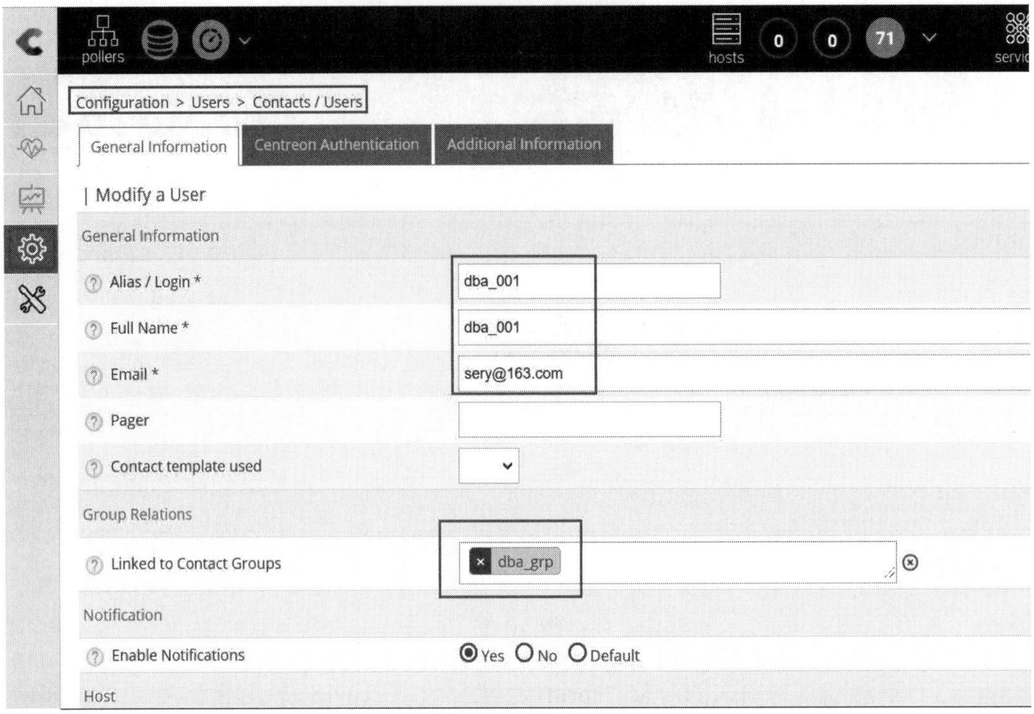

图 10-19

10.4 多用户钉钉机器人报警

众所周知，钉钉机器人依赖钉钉群组，发送告警信息全部组员都能收到。将数据库管理员加入系统管理员组，接收大量与数据库工作无关的告警信息，这将是一个很糟糕的策略，因为数据库管理员仅关心数据库的运行状态。解决这个问题的思路是，为不同的用户创建不同的钉钉群组，并把不同的联系人与不同的钉钉群组相关联。

10.4.1 创建钉钉群组

在钉钉客户端（电脑或者手机）单击界面上的加号"+"（如图 10-20 所示），选择"发起群聊"，添加好成员。

图 10-20

钉钉群组至少需要加入两个成员（创建人除外），如果只有一个成员怎么办？先拉起三个联系人，创建好之后再删除不需要的那个成员。给钉钉群起一个容易辨识的名字，故障告警的时候，能快速地定位问题所在（每个用户可能有多个钉钉群）。

10.4.2　创建自定义钉钉群组机器人

创建详细步骤请参见第 6 章的相关内容，复制机器人创建过程中生成的 Webhook 字符串（如图 10-21 所示）。

图 10-21

10.4.3 创建另一个钉钉机器人调用脚本

登录 Centreon 系统，在命令行下可以直接复制已经创建好的脚本文件"/usr/bin/ding.py"，命名为 /usr/bin/dba_ding.py，然后修改"api_url"等号后面的字符串值，把前一个步骤生成的 Webhook 字串值直接复制进去。可以创建多个机器人告警调用脚本，根据需求，把这些脚本关联到相应的 Centreon 联系人。

```
[root@mon172 bin]# more /usr/bin/dba_ding.py
#!/usr/bin/python
import requests
import json
import sys
import os
headers = {'Content-Type': 'application/json;charset=utf-8'}
api_url = "https://oapi.dingtalk.com/robot/send?access_token=5e496d1
4825acdf7d26e20fc8b2f9543844199c9b5aeb2095d2adfd4
0cf9313c"
def msg(text):
json_text= {
"msgtype": "text",
"text": {
"content": text
},
"at": {
"atMobiles": [
"18801028188"
],
"isAtAll": False
}
}
print requests.post(api_url,json.dumps(json_text),headers=headers).
content
if __name__ == '__main__':
text = sys.argv[1]
msg(text)
```

保存好脚本，并给予可执行权限，在命令行测试能否发送钉钉消息。

```
[root@mon172 bin]# /usr/bin/dba_ding.py "this is new rebot"
{"errcode":0,"errmsg":"ok"}
```

执行完毕，钉钉客户端应该收到信息（如图 10-22 所示），表明脚本正确无误。

Centreon 的使用技巧 第10章

图 10-22

10.4.4 Centreon Web 管理后台创建通知命令

登录 Centreon Web 管理后台，复制"notify-host-by-ding"及"notify-service-by-ding"（如图 10-23 所示）。

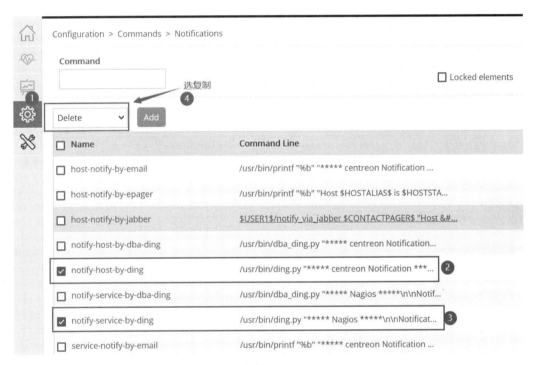

图 10-23

复制出来的副本"notify-host-by-ding-1"改名为"notify-host-by-dba-ding"，内容上的修改如图 10-24 所示。

- 161 -

图 10-24

将另一个副本"notify-service-by-ding-1"改名为"notify-service-by-dba-ding",内容上的修改如图 10-25 所示。

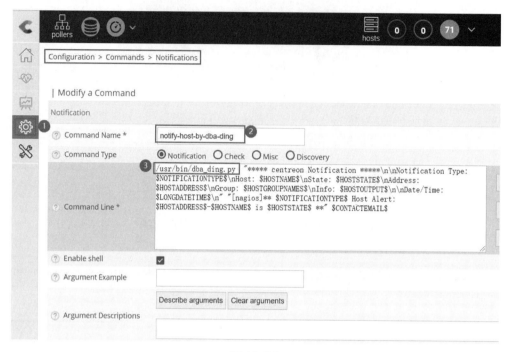

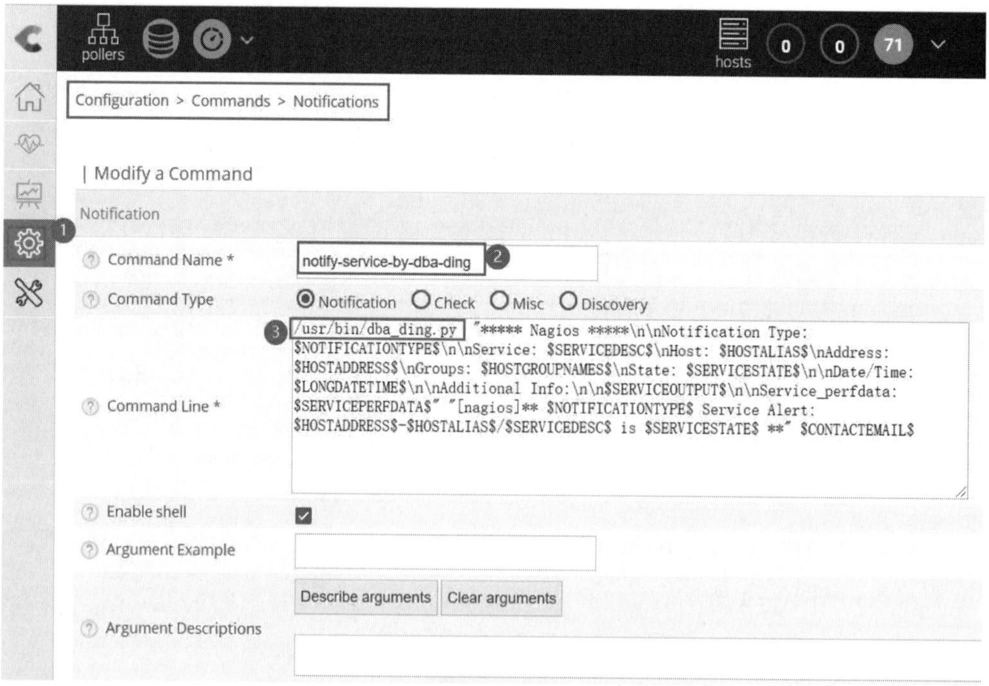

图 10-25

10.4.5 创建联系人并关联钉钉

钉钉机器人通知调用，既可与新建联系人关联，也可与已经存在的联系人相关联（如图 10-26 所示）。一个通知调用可以与多个联系人相关联，一个联系人也可以关联多个钉钉通知调用。

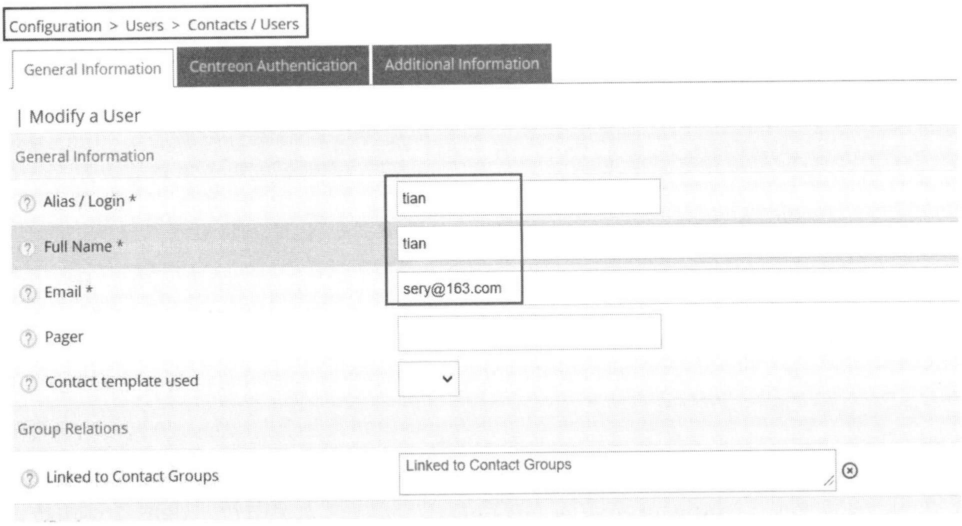

图 10-26

接图 10-26，继续设置剩余部分，如图 10-27 所示。

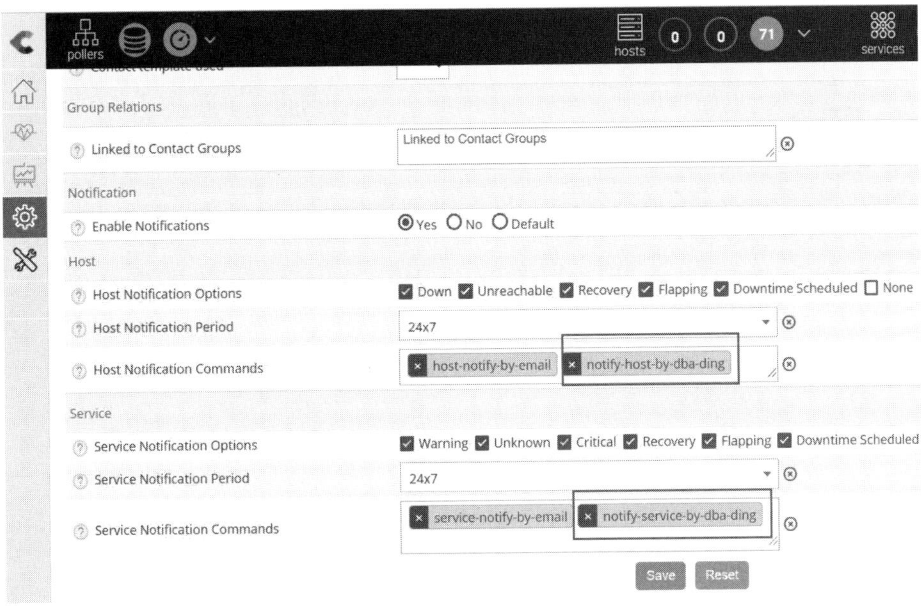

图 10-27

10.4.6 联系人／用户附属到主机或者服务

在 Centreon Web 管理后台，选定所需的服务项（如图 10-28 所示）。

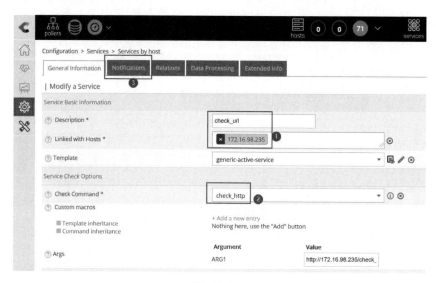

图 10-28

单击页面顶部"Notifications"菜单按钮，关联联系人／用户"tian"（如图 10-29 所示）。

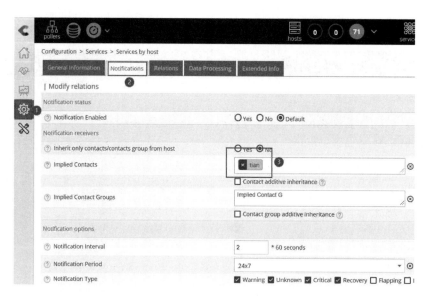

图 10-29

保存使设置生效，输出 Poller 并重载 Centreon 引擎。

模拟故障，查看钉钉客户端，看是否只有指定的钉钉群收到机器人告警信息。

第 11 章　Centreon 版本升级

Centreon 版本升级有两种情况：大版本升级与小版本升级。大版本升级指主版本号不一样，如 Centreon 19.04 升级到 Centreon 21.04；而小版本升级则是主版本号不变，子版本号变化，如 Centreon 20.04 升级到 Centreon 20.10。不论是哪种形式的版本升级，如果是生产环境，一定要记得先备份，因为只有备份，才是最有效的"后悔药"。与其他开源软件相比，Centreon 的版本更新算不上特别频繁。升级版本是为了获得新的功能和更好的性能，消除一些 bug。在保证系统安全的情况下，不进行版本升级，继续使用旧的版本，也是毫无问题的。

11.1　Centreon 小版本升级

现有的版本号是 Centreon 20.04，需要把它升级到稳定版 Centreon 20.10。如果你的 Centreon 版本低于 20.04，先将其升级。不论是哪个版本，升级的步骤都是类似的。

11.1.1　更新 Centreon yum 源

（1）登录 Centreon 系统，用下面命令行备份文件"/etc/yum.repos.d/centreon.repo"。

```
[root@mon172 ~]# cd /etc/yum.repos.d/
[root@mon172 yum.repos.d]# cp centreon.repo centreon.repo.bk20210717
```

（2）执行下列指令，更新为 Centreon 21.04 版本的 yum 源。

```
[root@mon172 yum.repos.d] yum install -y http://yum.centreon.com/
standard/20.10/el7/stable/noarch/RPMS/centreon-release-20.10-2.el7.
centos.noarch.rpm
```

对比文件"/etc/yum.repos.d/centreon.repo"与"/etc/yum.repos.d/centreon.repo.bk20210717"，观察其差异，如图 11-1 所示。

```
[root@mon108 yum.repos.d]# diff centreon.repo centreon.repo.bk20210717
3c3
< baseurl=http://yum.centreon.com/standard/20.10/el7/stable/noarch/
---
> baseurl=http://yum.centreon.com/standard/20.04/el7/stable/noarch/
10c10
< baseurl=http://yum.centreon.com/standard/20.10/el7/stable/$basearch/
---
> baseurl=http://yum.centreon.com/standard/20.04/el7/stable/$basearch/
17c17
< baseurl=http://yum.centreon.com/standard/20.10/el7/testing/noarch/
---
> baseurl=http://yum.centreon.com/standard/20.04/el7/testing/noarch/
24c24
< baseurl=http://yum.centreon.com/standard/20.10/el7/testing/$basearch/
---
> baseurl=http://yum.centreon.com/standard/20.04/el7/testing/$basearch/
31c31
< baseurl=http://yum.centreon.com/standard/20.10/el7/unstable/noarch/
---
> baseurl=http://yum.centreon.com/standard/20.04/el7/unstable/noarch/
38c38
< baseurl=http://yum.centreon.com/standard/20.10/el7/unstable/$basearch/
---
> baseurl=http://yum.centreon.com/standard/20.04/el7/unstable/$basearch/
45c45
< baseurl=http://yum.centreon.com/standard/20.10/el7/canary/noarch/
---
> baseurl=http://yum.centreon.com/standard/20.04/el7/canary/noarch/
52c52
< baseurl=http://yum.centreon.com/standard/20.10/el7/canary/$basearch/
---
> baseurl=http://yum.centreon.com/standard/20.04/el7/canary/$basearch/
[root@mon108 yum.repos.d]#
```

图 11-1

有经验的老手，也可以不用 yum 安装 Centreon 20.10 源，而直接在旧的 centroen.repo 文件进行版本号替换。

11.1.2　Centreon 在线更新

（1）命令行执行"yum clean all --enablerepo=*"清除 yum 缓存，如图 11-2 所示。

```
[root@mon172 yum.repos.d]# yum clean all --enablerepo=*
Loaded plugins: fastestmirror
Cleaning repos: C7.0.1406-base C7.0.1406-centosplus C7.0.1406-extras C7.0.1406-fasttrack C7.0.1406-updates
              : C7.1.1503-base C7.1.1503-centosplus C7.1.1503-extras C7.1.1503-fasttrack C7.1.1503-updates
              : C7.2.1511-base C7.2.1511-centosplus C7.2.1511-extras C7.2.1511-fasttrack C7.2.1511-updates
              : C7.3.1611-base C7.3.1611-centosplus C7.3.1611-extras C7.3.1611-fasttrack C7.3.1611-updates
              : C7.4.1708-base C7.4.1708-centosplus C7.4.1708-extras C7.4.1708-fasttrack C7.4.1708-updates
              : C7.5.1804-base C7.5.1804-centosplus C7.5.1804-extras C7.5.1804-fasttrack C7.5.1804-updates
              : C7.6.1810-base C7.6.1810-centosplus C7.6.1810-extras C7.6.1810-fasttrack C7.6.1810-updates
              : C7.7.1908-base C7.7.1908-centosplus C7.7.1908-extras C7.7.1908-fasttrack C7.7.1908-updates
              : C7.8.2003-base C7.8.2003-centosplus C7.8.2003-extras C7.8.2003-fasttrack C7.8.2003-updates base
              : base-debuginfo base-source c7-media centos-kernel centos-kernel-experimental centos-sclo-rh
              : centos-sclo-rh centos-sclo-rh-debuginfo centos-sclo-rh-source centos-sclo-rh-testing centos-sclo-sclo
              : centos-sclo-sclo-debuginfo centos-sclo-sclo-source centos-sclo-sclo-testing centosplus
              : centosplus-source centreon-canary centreon-canary-noarch centreon-stable centreon-stable-noarch
              : centreon-testing centreon-testing-noarch centreon-unstable centreon-unstable-noarch cr epel
              : epel-debuginfo epel-source epel-testing epel-testing-debuginfo epel-testing-source extras
              : extras-source fasttrack grafana updates updates-source
Cleaning up list of fastest mirrors
[root@mon172 yum.repos.d]#
```

图 11-2

（2）命令行执行"yum update centreon*"开始在线更新，如图 11-3 所示。

```
centreon-broker-cbmod                x86_64    20.10.6-4.el7.centos    centreon-stable           2.6 M
centreon-broker-core                 x86_64    20.10.6-4.el7.centos    centreon-stable           691 k
centreon-broker-storage              x86_64    20.10.6-4.el7.centos    centreon-stable           303 k
centreon-clib                        x86_64    20.10.3-2.el7.centos    centreon-stable            91 k
centreon-common                      noarch    20.10.10-5.el7.centos   centreon-stable-noarch    5.5 k
centreon-connector                   x86_64    20.10.2-4.el7.centos    centreon-stable           4.0 k
centreon-connector-perl              noarch    20.10.2-4.el7.centos    centreon-stable           179 k
centreon-connector-ssh               x86_64    20.10.2-4.el7.centos    centreon-stable           193 k
centreon-database                    noarch    20.10.10-5.el7.centos   centreon-stable-noarch    2.8 k
centreon-engine                      x86_64    20.10.6-5.el7.centos    centreon-stable            13 k
centreon-engine-daemon               x86_64    20.10.6-5.el7.centos    centreon-stable           2.3 M
centreon-engine-extcommands          x86_64    20.10.6-5.el7.centos    centreon-stable            72 k
centreon-gorgone                     noarch    20.10.4-1.el7.centos    centreon-stable-noarch    117 k
centreon-gorgone-centreon-config     noarch    20.10.4-1.el7.centos    centreon-stable-noarch    3.8 k
centreon-license-manager             noarch    20.10.3-3.el7.centos    centreon-stable-noarch    9.7 M
centreon-license-manager-common      noarch    20.10.3-3.el7.centos    centreon-stable-noarch    2.4 k
centreon-perl-libs                   noarch    20.10.6-el7.centos      centreon-stable-noarch     60 k
centreon-poller-centreon-engine      noarch    20.10.10-5.el7.centos   centreon-stable-noarch     11 k
centreon-pp-manager                  noarch    20.10.1-3.el7.centos    centreon-stable-noarch    707 k
centreon-trap                        noarch    20.10.10-5.el7.centos   centreon-stable-noarch    6.8 k
centreon-web                         noarch    20.10.10-5.el7.centos   centreon-stable-noarch    8.4 M
centreon-widget-engine-status        noarch    20.10.0-5.el7.centos    centreon-stable-noarch     30 k
centreon-widget-global-health        noarch    20.10.0-5.el7.centos    centreon-stable-noarch    111 k
centreon-widget-graph-monitoring     noarch    20.10.0-5.el7.centos    centreon-stable-noarch    9.0 k
centreon-widget-grid-map             noarch    20.10.0-5.el7.centos    centreon-stable-noarch     12 k
centreon-widget-host-monitoring      noarch    20.10.0-5.el7.centos    centreon-stable-noarch     21 k
centreon-widget-hostgroup-monitoring noarch    20.10.0-5.el7.centos    centreon-stable-noarch     13 k
centreon-widget-httploader           noarch    20.10.0-5.el7.centos    centreon-stable-noarch     13 k
centreon-widget-live-top10-cpu-usage noarch    20.10.0-5.el7.centos    centreon-stable-noarch     30 k
centreon-widget-live-top10-memory-usage noarch 20.10.0-5.el7.centos    centreon-stable-noarch     17 k
centreon-widget-service-monitoring   noarch    20.10.0-5.el7.centos    centreon-stable-noarch     23 k
centreon-widget-servicegroup-monitoring noarch 20.10.0-5.el7.centos    centreon-stable-noarch     13 k
centreon-widget-tactical-overview    noarch    20.10.0-5.el7.centos    centreon-stable-noarch     16 k

Transaction Summary
================================================================================
Upgrade  38 Packages

Total download size: 31 M
Is this ok [y/d/N]:
```

图 11-3

从输出可知，Centreon 20.10 的 PHP 版本仍然是 PHP 7.2（Centreon 21.04 用的是 PHP 7.3），Apache 及 MariaDB 数据库版本未做更新。更新完毕，可通过查看日志文件"/var/log/yum.log"了解整个更新过程。

11.1.3 重启 PHP 及 Apache 服务

命令行执行"systemctl restart php"即可完成服务重启操作。如果 Centreon 升级到最新的稳定版本 Centreon 21.04，PHP 也跟着从 7.2 版升级到 7.3 版。因此需要关闭 PHP 7.2 版，再启动新版本的 PHP 7.3。

（1）关闭和禁用 PHP 7.2。

```
[root@mon172 log]#systemctl stop rh-php72-php-fpm
[root@mon172 log]#systemctl disable rh-php72-php-fpm
```

（2）设置 PHP 7.3 时区，并启动 PHP 服务。

```
[root@mon172 log]# echo "date.timezone = Asia/Shanghai">> /etc/opt/rh/rh-php73/php.ini
[root@mon172 log]#systemctl enable rh-php73-php-fpm
[root@mon172 log]#systemctl start rh-php73-php-fpm
```

（3）重载 Apache 服务。

```
[root@mon172 log]# systemctl reload httpd24-httpd
```

（4）验证 PHP 7.3 服务是否正常，用工具 systemctl 查看 PHP 服务的运行状态，如果正常，其结果如图 11-4 所示。

```
[root@mon172 ~]# systemctl status rh-php73-php-fpm
● rh-php73-php-fpm.service - The PHP FastCGI Process Manager
   Loaded: loaded (/usr/lib/systemd/system/rh-php73-php-fpm.service; enabled; vendor preset: disabled)
  Drop-In: /etc/systemd/system/rh-php73-php-fpm.service.d
           └─centreon.conf
   Active: active (running) since Sat 2021-07-17 15:41:27 CST; 9min ago
 Main PID: 1298 (php-fpm)
   Status: "Processes active: 0, idle: 5, Requests: 16, slow: 0, Traffic: 0req/sec"
   CGroup: /system.slice/rh-php73-php-fpm.service
           ├─1298 php-fpm: master process (/etc/opt/rh/rh-php73/php-fpm.conf...
           ├─1299 php-fpm: pool www
           ├─1300 php-fpm: pool www
           ├─1301 php-fpm: pool www
           ├─1302 php-fpm: pool www
           └─1303 php-fpm: pool www

Jul 17 15:41:27 mon172 systemd[1]: Starting The PHP FastCGI Process Manager...
Jul 17 15:41:27 mon172 systemd[1]: Started The PHP FastCGI Process Manager.
Hint: Some lines were ellipsized, use -l to show in full.
[root@mon172 ~]#
```

图 11-4

11.1.4　Centreon 管理后台更新

若非特别指出，下面的操作皆在浏览器上进行。

(1) 在地址栏输入 Centreon 监控服务器所在系统的 IP 地址或者域名，如果一切正常（主要指 PHP、Apache），将出现更新操作页面，如图 11-5 所示。

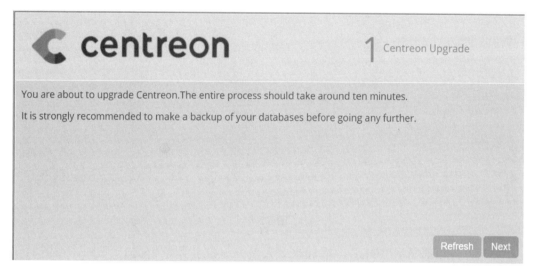

图 11-5

(2) 单击"Next"按钮进行下一步，验证 PHP 所需的依赖条件是否满足，如果不满足，可单击"Back"按钮回退，修正以后继续，如图 11-6 所示。

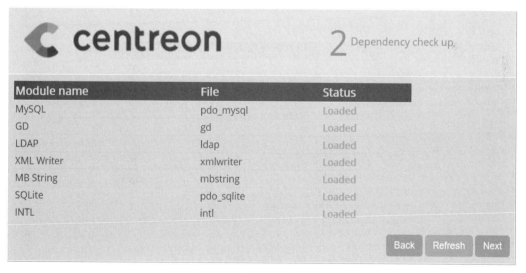

图 11-6

(3) 继续单击"Next"按钮，进行下一步操作，显示"Everything is ready"，如图 11-7 所示。

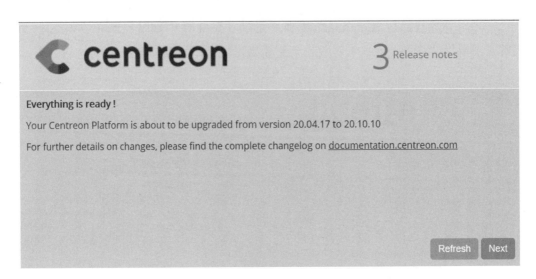

图 11-7

（4）各项都显示"OK"，看起来令人兴奋，继续单击"Next"按钮，如图 11-8 所示。

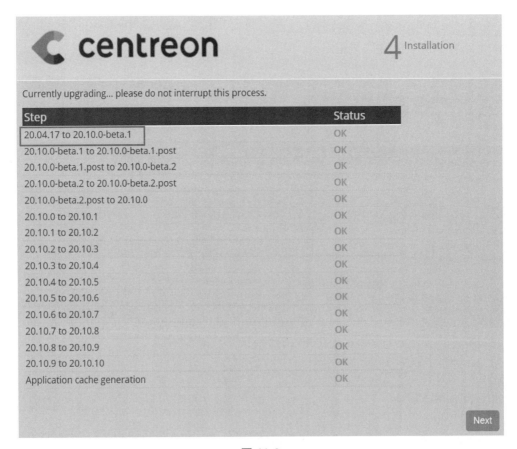

图 11-8

（5）出乎意料，居然这么几个步骤就完成了！单击"Finish"按钮，如图11-9所示。

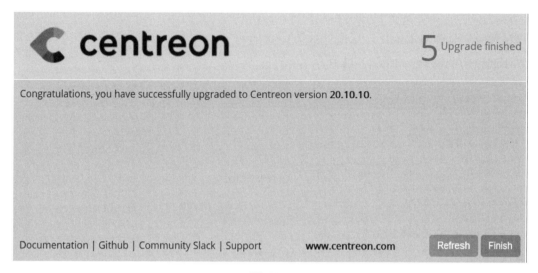

图 11-9

（6）进入管理后台，如图 11-10 所示，输入用户名、密码，单击"Connect"按钮登录。

图 11-10

11.1.5 重启其他相关服务

虽然在前面的操作中，启动了 PHP 7.2 及 Apache 服务，与 Centreon 有关的其他服务没有做任何启停操作，直接登录到 CentreonCentral 管理后台，很可能出现监控引擎不起作用的情形（如图 11-11 所示）。

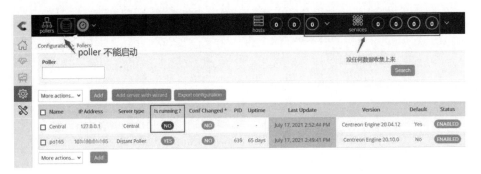

图 11-11

因此，需要在命令行执行如下指令：

```
[root@mon172 log]# systemctl restart cbd centengine centreontrapd gorgoned
```

如果正常，管理后台如图 11-12 所示。如果不正常，多半 Cbd 服务异常，需要处理。

图 11-12

11.2 Centreon 大版本升级

Centreon 19.04 升级到 Centreon 20.04，操作步骤如下。

11.2.1 更新系统及 Centreon yum 源

（1）运行如下命令进行 CentOS 系统更新。

```
yum update
```

（2）运行下列命令，更新 Centreon 源。

```
cd /etc/yum.repo.d
cp centreon.repo centreon.repo.bk20200514
sed -I s/19.04/20.04/g centreon.repo
```

11.2.2 Centreon 更新

（1）清理 yum 缓存。

```
yum clean all --enablerepo=*
```

（2）更新 Centreon。

```
yum update centreon\*
```

代码如图 11-13 所示。

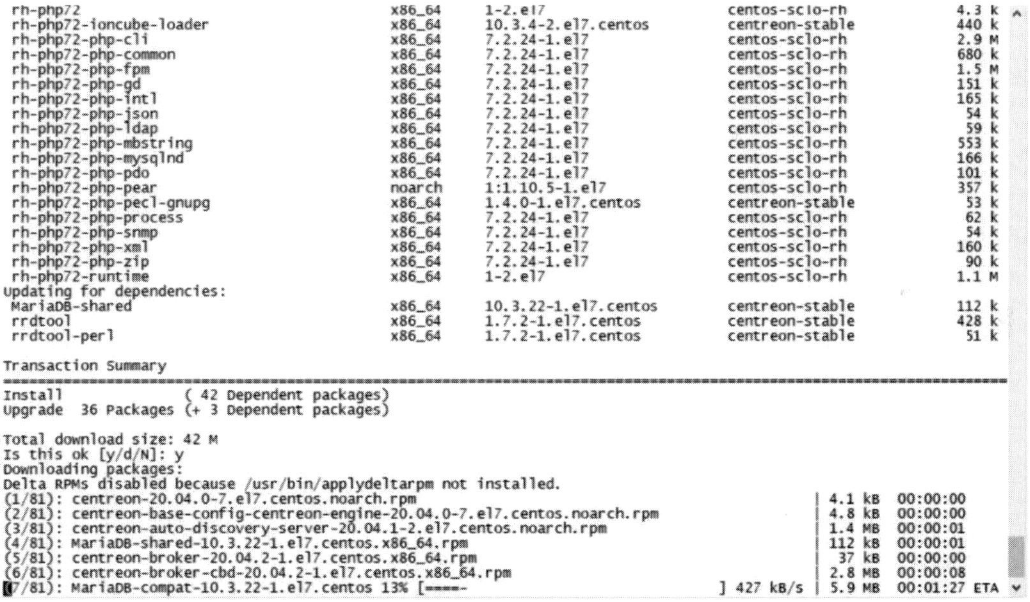

图 11-13

11.2.3 启动新的 PHP 7.2

升级完成以后，与之配合的 PHP 升级到 7.2 版本。如果不做任何处理，当在浏览器进行登录管理时，将出现服务不可用的报错反馈（如图 11-14 所示）。

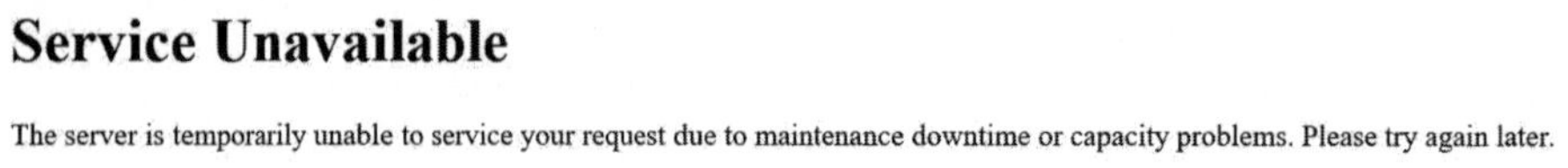

Service Unavailable

The server is temporarily unable to service your request due to maintenance downtime or capacity problems. Please try again later.

图 11-14

执行如下指令，关闭 PHP 7.1 并启动 PHP 7.2。

```
systemctl stop rh-php71-php-fpm
systemctl start rh-php72-php-fpm
```

再刷新 Web 页面，页面显示一切正常（如图 11-15 所示），可进行下一步的升级操作。

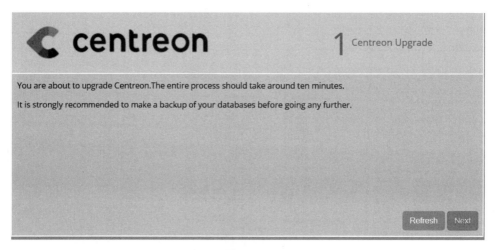

图 11-15

根据页面指引时区初始化设置（如图 11-16 所示）。

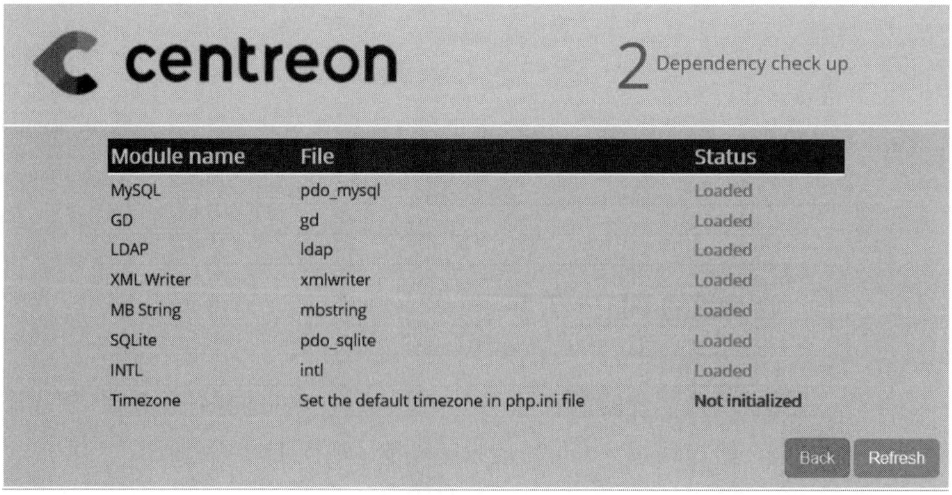

图 11-16

在系统命令行下，修改文件"/etc/opt/rh/rh-php72/php.ini"，设置其时区为"Asia/Shanghai"（默认值被注释掉，并且为空），如图 11-17 所示。

```
; Note : The syntax used in previous PHP versions ('extension=<ext>.so' and
; 'extension='php_<ext>.dll') is supported for legacy reasons and may be
; deprecated in a future PHP major version. So, when it is possible, please
; move to the new ('extension=<ext>) syntax.

;;;;
; Note: packaged extension modules are now loaded via the .ini files
; found in the directory /etc/php.d; these are loaded by default.
;;;;

;;;;;;;;;;;;;;;;;;;;
; Module Settings ;
;;;;;;;;;;;;;;;;;;;;

[CLI Server]
; Whether the CLI web server uses ANSI color coding in its terminal output.
cli_server.color = On

[Date]
; Defines the default timezone used by the date functions
; http://php.net/date.timezone
date.timezone ="Asia/Shanghai"          ← 修改以后

; http://php.net/date.default-latitude
;date.default_latitude = 31.7667

; http://php.net/date.default-longitude
;date.default_longitude = 35.2333

; http://php.net/date.sunrise-zenith
;date.sunrise_zenith = 90.583333

; http://php.net/date.sunset-zenith
;date.sunset_zenith = 90.583333

[filter]
; http://php.net/filter.default
;filter.default = unsafe_raw
```

图 11-17

修改完成以后，需要执行如下指令重启 PHP 7.2。

```
systemctl restart rh-php72-php-fpm
```

刷新浏览器，报错消除（如图 11-18 所示）。

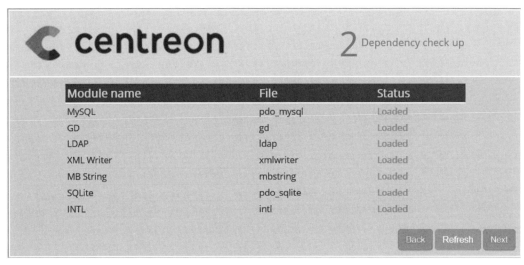

图 11-18

单击"Next"按钮,继续进行下一步(如图 11-19 所示)。

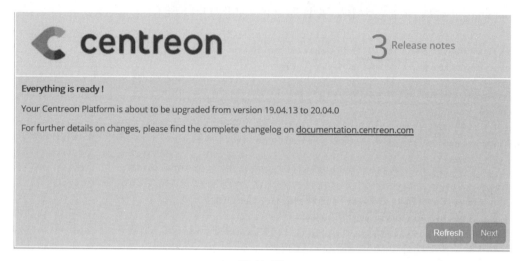

图 11-19

开始更新处理。如果一切正常,状态一列全部显示"OK"(如图 11-20 所示)。

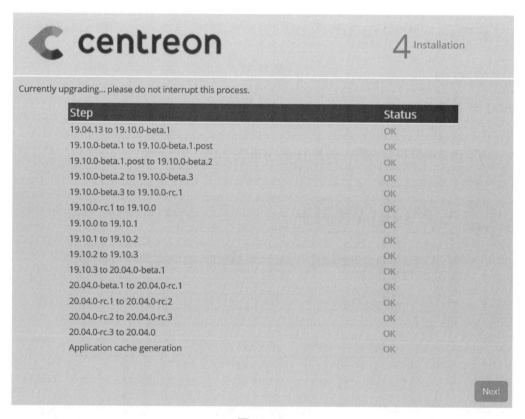

图 11-20

没有意外,出现升级完成页面(如图 11-21 所示),恭喜,升级成功。

图 11-21

11.2.4 验证升级是否正常

命令行执行如下指令（gorgoned 不存在于以前的版本）。

```
systemctl restart cbd centengine gorgoned
```

重新登录 Centreon Web 管理后台，发现 Poller 没有工作。需要选择 Poller（如图 11-22 所示），进行输出操作。

图 11-22

Poller 重启以后，数据就导进来（如图 11-23 所示），监控恢复正常。

图 11-23

11.3 Centreon 版本升级的变化

个人认为，升级后反而没有原来易用、直观。

界面展示上，旧的版本主机名与其附属排列一目了然，而新版本就有些混乱。两个版本的比较如图 11-24 及图 11-25 所示，其中图 11-24 为旧版本监控项布局，图 11-25 为新版本监控项布局。

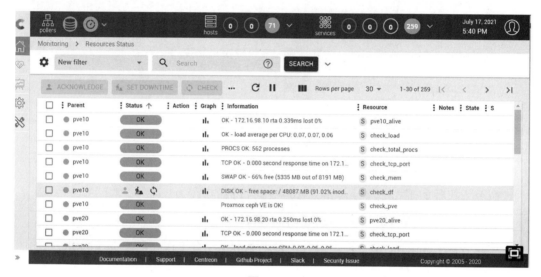

图 11-24

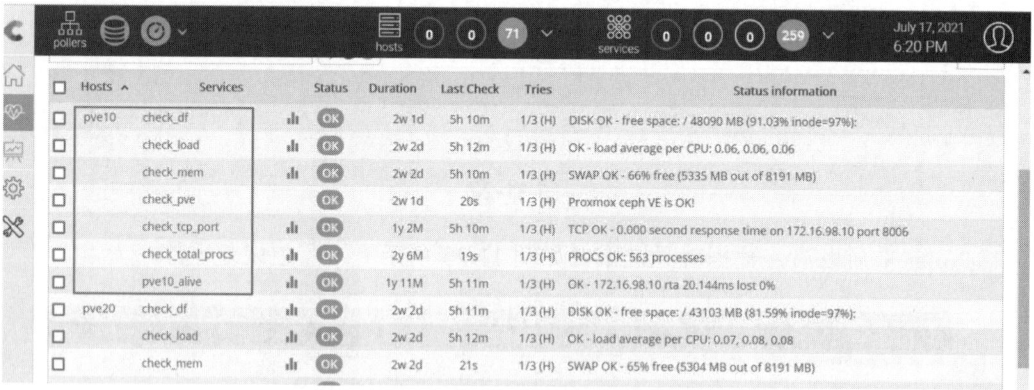

图 11-25

告警静默设置也有明显差别，新版本去掉了立即静默的功能，只能设置固定时间静默（如图 11-26 所示）。

	Parent	Status ↑	Action	Graph	Information	Resource	Notes	State	S
☐	● pve10	OK		ıl.	OK - 172.16.98.10 rta 0.257ms lost 0%	S pve10_alive			
☑	● pve10	OK		ıl.	OK - load average per CPU: 0.07, 0.06, 0.06	S check_load			
☑	● pve10	OK		ıl.	PROCS OK: 558 processes	S check_total_procs			
☑	● pve10	OK		ıl.	TCP OK - 0.000 second response time on 172.1...	S check_tcp_port			
☑	● pve10		👤 👣 ↻	ıl.	SWAP OK - 66% free (5335 MB out of 8191 MB)	S check_mem			
☑	● pve10	OK		ıl.	DISK OK - free space: / 48088 MB (91.03% inod...	S check_df			
☑	● pve10	OK			Proxmox ceph VE is OK!	S check_pve			
☐	● pve20	OK		ıl.	OK - 172.16.98.20 rta 0.245ms lost 0%	S pve20_alive			
☐	● pve20	OK		ıl.	TCP OK - 0.001 second response time on 172.1...	S check_tcp_port			

图 11-26

第 12 章 Centreon 分布式监控

Centreon 分布式监控至少能解决两个问题：一个是分担中心监控服务器的负荷，以支持更大规模的网络；另一个是穿越网络边界，监控受保护的内部网络。Centreon 分布式监控系统由中央服务器、分布式 Poller 和被监控端三部分组成（如图 12-1 所示），其中中央服务器自身内置一个 Poller。分布式环境中，边缘 Poller 不包含数据库，Centreon 引擎所需加载的监控配置，来自中央服务器的数据库输出。只要 CentreonCentral 管理后台没有更新主机或者服务监控项，分布式 Poller 就不会打扰中央服务器的数据库，极大地降低了中央监控服务器的运行压力。

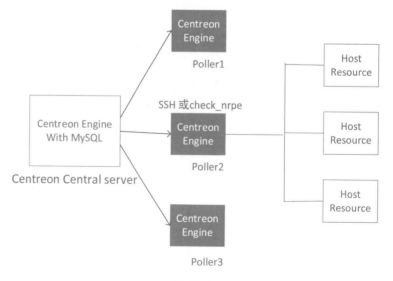

图 12-1

12.1 安装 Centreon 分布式 Poller

分布式 Poller 建议用单独的服务器或者虚拟机来安装，专机专用，如果处于边界网络，必须配备两个网卡（现在的服务器，应该都满足此条件），一个网卡与 Centreon 中央监控服务器通信，另一个网卡与受保护的内网通信。在前面的章节中强调过，分布式 Poller 与 Centreon 中央监控服务器两者之间是双向通信，因此，Centreon 中央监控服务器与分布式 Poller 需要能互访，一个简单的验证方式就是两个系统能够相互 Ping 通（排除防火墙因素）。

与 Centreon 中央监控服务器类似，可以用 ISO 镜像文件进行安装，也可以在现有的 CentOS 7 或者 CentOS 8 上以软件包的形式进行安装。本着专机专用的原则，最好用 ISO 镜像文件进行一键安装。

（1）Centreon ISO 文件刻录成可引导介质（U 盘或者光盘），如果是在虚拟环境下镜像安装，则直接挂载此 ISO 镜像。开机进行系统引导，引导界面就是完完整整的 CentOS（如图 12-2 所示）。

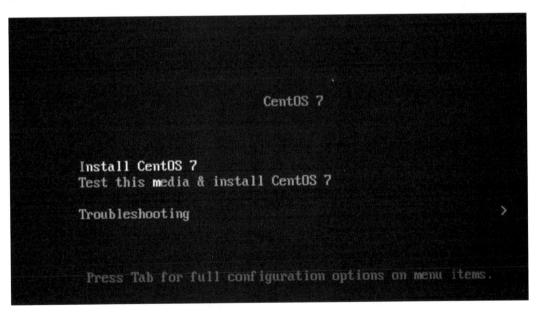

图 12-2

（2）选择语言，默认英语"English"（如图 12-3 所示）。

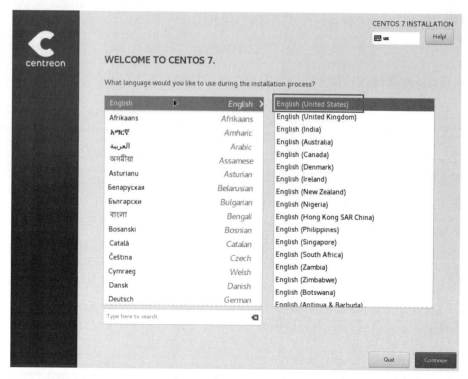

图 12-3

（3）选择安装类型（如图 12-4 所示）。

图 12-4

有四个备选项，这里选第三项"Poller"（如图 12-5 所示）。

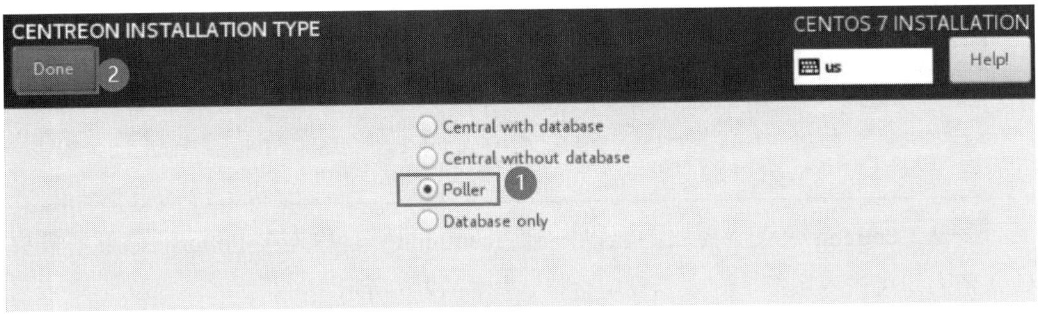

图 12-5

（4）后面的步骤请参看第 3 章安装 CentreonCentral 中央监控服务器相关内容，这里不再赘述。

12.2 为中央服务器添加 Poller

Centreon 分布式 Poller 与中央监控服务器通信有两种方式：SSH 或 Gorgoned。一个 Centreon 中央监控服务器可以连接多个分布式 Poller，但一个分布式 Poller 不能同时连多个 Centreon 中央监控服务器。同样，Centreon 中央监控服务器与分布式 Poller 通信，要么使用 SSH，要么使用 Gorgoned，不建议混用。

12.2.1 以 SSH 协议连接远端 Poller

（1）测试 Centreon 中央监控服务器与分布式 Poller 服务器之间的网络互通性。

（2）Centreon 中央监控服务器创建 SSH Keys，并把它复制到分布式 Poller 端。这样做的目的，是为了 Centreon 中间监控服务器免密码访问分布式 Poller 端，远程便可执行相关的操作。基于安全考虑，使用的是普通账号"centreon"。

①分布式 Poller 设置账号 Centreon 密码。

```
[root@mon235 ~]# passwd centreon
Changing password for user centreon.
New password:
Retype new password:
passwd: all authentication tokens updated successfully.
```

②Centreon 中央监控服务器生成 SSH Keys，并将文件复制到远端 Poller。官方

文档生成 SSH Keys 所用的账号 centreon-gorgone，但把这个 Key 复制到远端 Poller 的"centreon"账号，有点让人迷惑。

```
[centreon@mon172 ~]# su - centreon
[centreon@mon172 ~]$ssh-keygen -t rsa
[centreon@mon172 ~]$ ssh-copy-id -i .ssh/id_rsa.pub centreon@172.16.98.236
```

③从 Centreon 中央监控服务器以账号"centreon"远程连接 Poller，如果不需要输入密码即可进入系统，则表示设定合格，如图 12-6 所示。

```
[centreon@mon172 ~]$ ssh 172.16.98.236
Last login: Mon Jul 19 13:04:38 2021 from 172.16.98.172
```

```
[root@mon172 ~]# su - centreon
Last login: Mon Jul 19 13:08:09 CST 2021 on pts/0
[centreon@mon172 ~]$ ssh 172.16.98.236
Last login: Mon Jul 19 13:08:14 2021 from 172.16.98.172
[centreon@mon236 ~]$
```

图 12-6

④远端 Poller 启动服务"centengine"及"gorgoned"。

```
[root@mon236 ~]# systemctl start centengine gorgoned
```

⑤Centreon 中央监控服务器重启"gorgoned"。

```
[root@mon172 ~]# systemctl restart gorgoned
```

（3）在 CentreonCentral 管理后台添加远端 Poller。

①以向导模式添加远端 Poller，如图 12-7 所示。

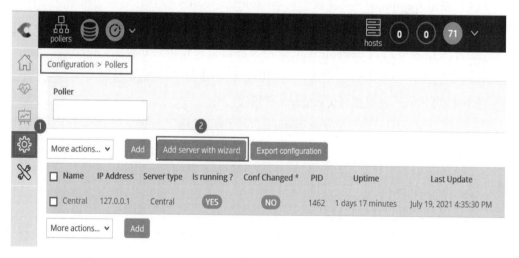

图 12-7

②选择"Add a Centreon Poller",单击"NEXT"按钮进行下一步(如图12-8所示)。

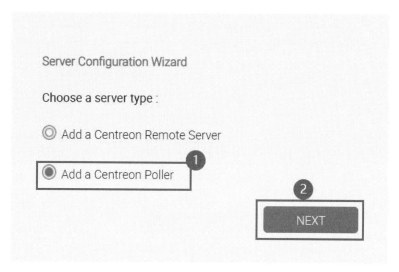

图 12-8

③键入远端 Poller 名称、IP 地址,以及 Centreon 中央监控服务器地址或主机名(如图 12-9 所示),注意,如果用主机名,尽可能保证远端 Poller 能直接与 Centreon 通信。

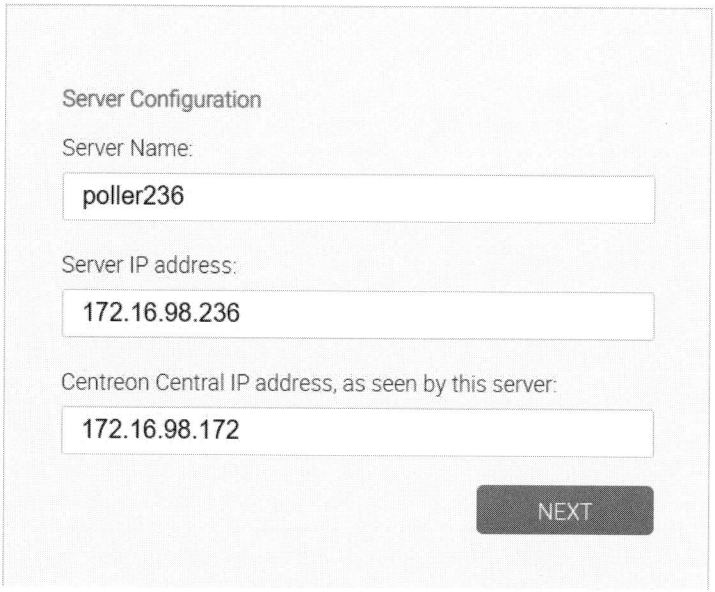

图 12-9

④单击"APPLY"按钮，使设置生效（如图12-10所示）。

图 12-10

⑤编辑刚添加进来的Poller，单击Poller名称或者IP地址超链接（如图12-11所示）。

图 12-11

⑥修改"Gorgone connection protocol"连接协议为"SSH"，连接端口为"22"，其他内容保持默认值（如图12-12所示），确认无误后单击右上角"Save"按钮保存更改。

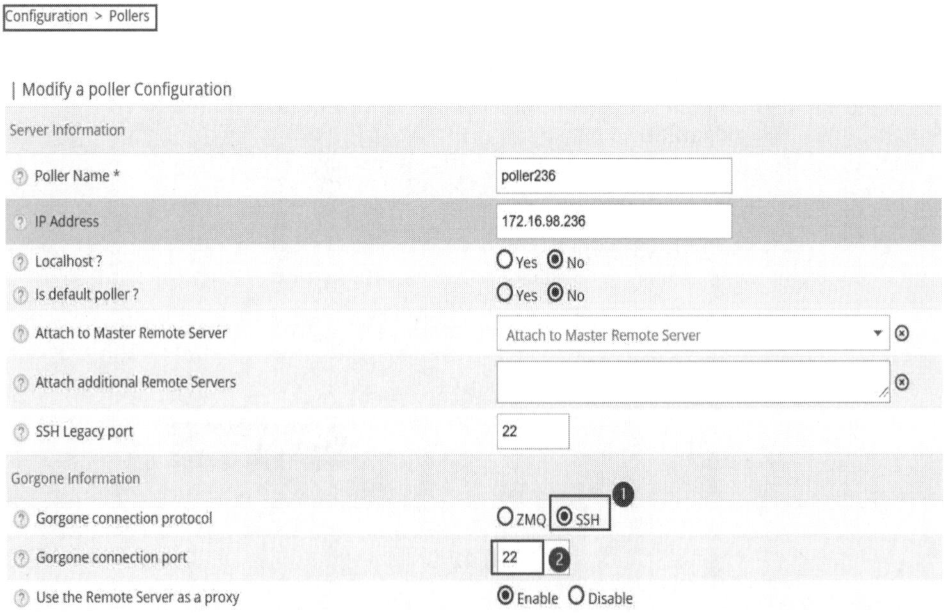

图 12-12

（4）Centreon 中央监控服务器命令执行指令"systemctl restart gorgoned"重启服务"gorgoned"。

（5）Centreon 中央服务器 Web 管理后台，输出远端 Poller 配置并重载远端 Poller Centreon 引擎（如图 12-13 所示）。

图 12-13

（6）验证连接是否成功。连接成功，运行状态会以绿色图标"YES"显示（如图 12-14 所示）。

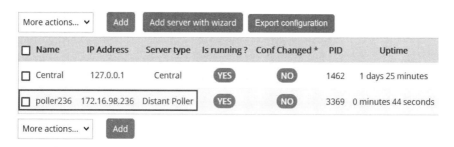

图 12-14

12.2.2 以"gorgone"协议连接远端 Poller

（1）Centreon Web 管理后台，以向导模式添加远端 Poller（如图 12-15 所示）。

图 12-15

（2）添加一个 Centreon Poller，单击"NEXT"按钮进行下一步（如图 12-16 所示）。

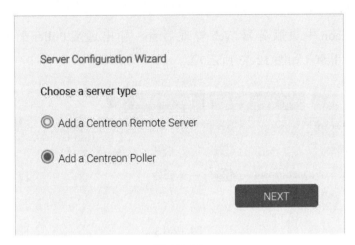

图 12-16

（3）填写新加入 Poller 的名称、IP 地址以及 Centreon 中央监控服务器的 IP 地址或可访问主机名，单击"NEXT"按钮继续下一步（如图 12-17 所示）。

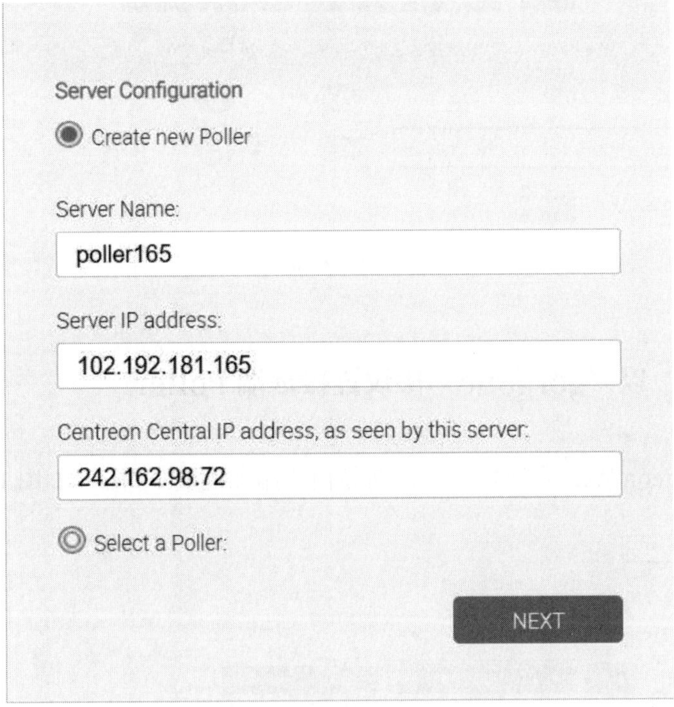

图 12-17

（4）单击"APPLY"按钮使设置生效（如图 12-18 所示）。

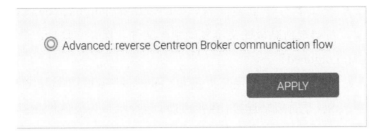

图 12-18

（5）选定新添加好的远程 Poller，单击其右侧的眼睛状图标（如图 12-19 所示）。

图 12-19

（6）弹出的只读文本框（如图 12-20 所示），就是远端 Poller 所需的配置信息，包括安全验证。

图 12-20

（7）单击底部"Copy to clipboard"按钮，将文本暂存到剪贴板。然后登录到远端 Poller，在系统命令行下创建文件"/etc/centreon-gorgone/config.d/40-gorgoned.yaml"，单击鼠标右键把剪贴板的文本复制到此文件。保存文件后，命令行执行命令"systemctl restart gorgoned"。

（8）输出新加远端 Poller 配置及重载其 Centreon Engine，验证 Centreon 中央监控服务器与远端 Poller 是否成功连接。连接成功，运行状态为绿色"YES"图标显示（如图 12-21 所示）。

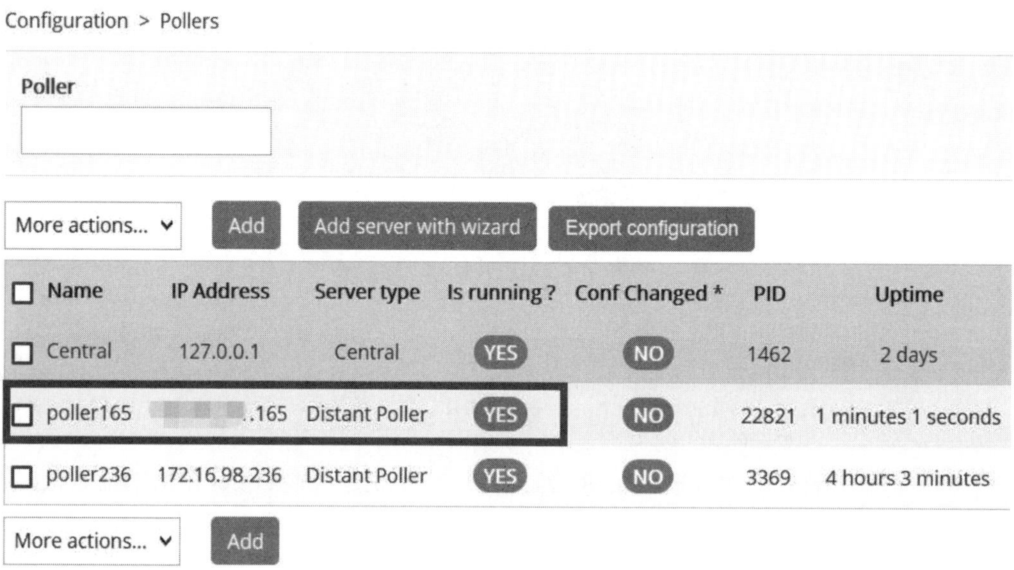

图 12-21

12.3 通过远端 Poller 监控私有网络

前面已经实现了 Centreon 中央监控服务器与远端 Poller 的双向连接，接下来在 Centreon 管理后台添加处于 Poller 内部的系统。

因为要监控主机资源，因此必须在被监控端部署好 NRPE 服务，并启动，具体的操作，请参看第 7 章的相关内容。另外，Poller 所在的系统，必须准备好插件文件 check_nrpe，还有一些必要文件。

12.3.1 需求及场景描述

通过 Poller 代理监控被保护系统的需求及场景如下：

（1）添加 IP 地址为 172.16.81.150 的主机，此主机与 Poller 所在的系统在同一网段（Poller 有两个网卡，另一个网卡配置的是公网 IP）。

（2）监控 172.16.81.150 主机资源，包括负载、内存使用、磁盘利用率、负载等。

（3）能够故障告警。

12.3.2 添加受保护的内网主机

（1）登录 Centreon 中央监控服务器管理后台，添加主机 172.16.81.150，特别需要注意的是"Monitoredfrom"要选前文新创建的"poller 165"（默认值是中央监控服务器 Poller "Central"），参照前面的内容依次填写或设定好所需的信息（如图 12-22 所示）。

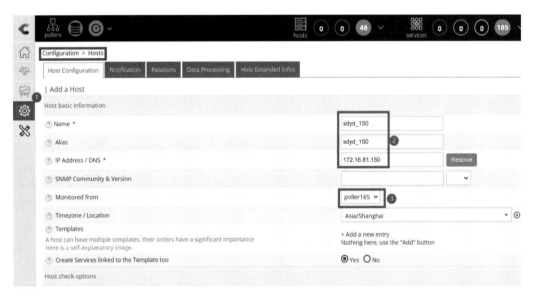

图 12-22

（2）设定主机通知项"Notification"。关联报警消息的接收人、通知选项等（如图 12-23 所示）。

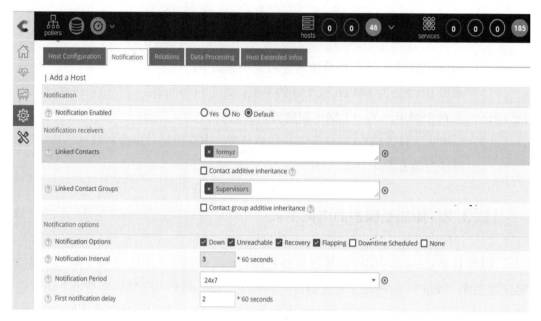

图 12-23

（3）单击页面"Save"按钮保存设置。

12.3.3 添加主机服务项

添加服务项 check_load、check_df、check_total_procs 等（如图 12-24 所示），与第 7 章相关步骤完全相同，这里不再赘述，请自行参看。

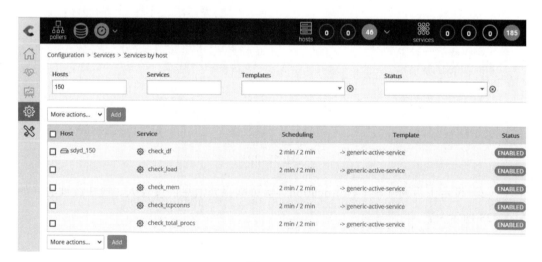

图 12-24

添加完所需监控的服务项后，输出配置并重启引擎，如图 12-25 所示。

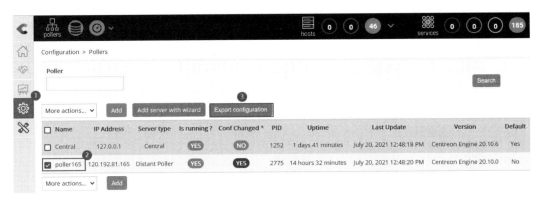

图 12-25

配置输出以后，"poller 165"所需的配置文件存储在什么位置呢？以关键字"sdyd_150"在 Centreon 中央监控服务器检索文件"/etc/centreon-engine/hosts.cfg"，结果是一片空白（如图 12-26 所示）。

```
[root@mon135 centreon-engine]# grep sdyd_150 /etc/centreon-engine/hosts.cfg
[root@mon135 centreon-engine]#
```

图 12-26

会不会这些配置存放到远端 Poller 系统呢？登录到 poller 165 所在的系统，命令行执行"grep sdyd_150 /etc/centreon-engine/hosts.cfg"，正如所料，配置都在此 Poller（如图 12-27 所示）！

```
[root@poller165 ~]# grep sdyd_150 /etc/centreon-engine/hosts.cfg
    host_name                      sdyd_150
    alias                          sdyd_150
[root@poller165 ~]#
```

图 12-27

12.3.4 模拟故障，验证监控是否有效

到目前为止，已经把 sdyd_150 主机资源做好了监控（如图 12-28 所示），接下来，人为制造一个故障，来验证处于受保护的内部系统所接受的监控是否有效。

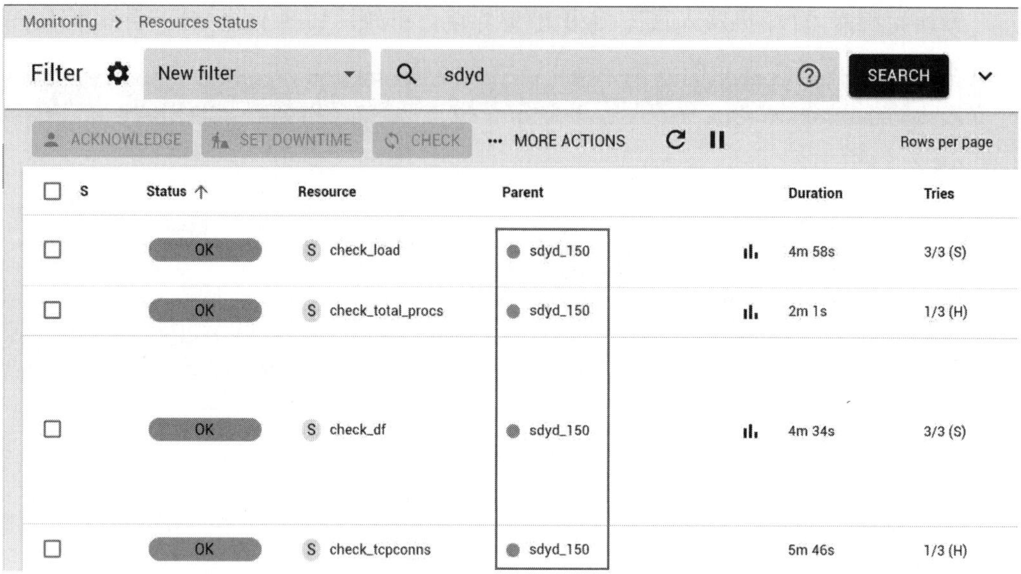

图 12-28

由于需要用钉钉告警，因此需要把 Centreon 中央监控服务器上的钉钉机器人告警脚本"/usr/bin/ding.py"文件复制到远端 Poller 的目录"/usr/bin"。命令行手动执行"ding.py test"，如果提示缺少 Python 模块"requests"，可通过执行命令"yum install python-requests"顺利安装此模块。又因为远端 Poller 与中央监控服务器不在同一个网段，可能存在机器人发送消息没有权限的问题。这需要登录到钉钉客户端，对机器人进行设置，把远端 Poller 所在系统的公网地址添加到白名单。

文中所监控的主机 172.16.81.150 是一个正在运行的生产环境，不能直接停服务来模拟故障，于是只好采取折中的办法，把 NRPE 监控项 check_total_procs 阈值变小。当前系统进程数大概是 280 个，将其设定为告警 200，严重告警 300。登录被监控主机 172.16.81.150，编辑文件"/usr/local/nrpe/etc/nrpe.cfg"，找到文本行"command[check_total_procs]"，修改后的内容如图 12-29 所示。

```
command[check_total_procs]=/usr/local/nrpe/libexec/check_procs -w 200 -c 300
```

图 12-29

保存并重启服务 nrpe，等待片刻，看是否有告警信息发送。Centreon Web 管理后台页面显示有变化了（如图 12-30 所示）。

图 12-30

再等一会，钉钉机器人报警信息也接收到了（如图 12-31 所示）。由此判断，通过远端 Poller 监控受保护的内部网络是完全有效的。

图 12-31

第 13 章 Centreon 备份与恢复

Centreon 监控平台看起来涉及的东西极多，如 Apache、MySQL、PHP、Gorgoned、Centengine、Cbd（Centreon-broker）等众多服务，另加一些手写的插件脚本、被监控端的 NRPE 配置，但实际需要备份的数据并不多，因为不备份的数据可以重新生成或者通过简单的编辑即可完成，比如 Apache、PHP 配置文件。根据作者经验，需要备份的数据主要是数据库、插件脚本、钉钉机器人报警脚本。至于 Centreon 引擎工作时所需的配置，即位于目录"/etc/centreon-engine"下的大量文件，如 resource.cfg、services.cfg、centengine.cfg、hosts.cfg 等，实际上是从数据库抽取出来自动形成的，因此无须进行备份。Centreon 管理后台设定的自动备份，既做了备份数据库，也备份所有配置。可以通过访问系统目录"/var/cache/centreon/backup"，大致了解都备份了什么内容（如图 13-1 所示）。

```
[root@mon172 backup]# pwd
/var/cache/centreon/backup
[root@mon172 backup]# ll
total 607136
-rw-r--r-- 1 root root     195642 Jul 15 03:30 2021-07-15-central.tar.gz
-rw-r--r-- 1 root root    1404295 Jul 15 03:30 2021-07-15-centreon-engine.tar.gz
-rw-r--r-- 1 root root     196019 Jul 16 03:30 2021-07-16-central.tar.gz
-rw-r--r-- 1 root root    1398345 Jul 16 03:30 2021-07-16-centreon-engine.tar.gz
-rw-r--r-- 1 root root     196312 Jul 17 03:30 2021-07-17-central.tar.gz
-rw-r--r-- 1 root root    1398584 Jul 17 03:30 2021-07-17-centreon-engine.tar.gz
-rw-r--r-- 1 root root     193018 Jul 18 03:30 2021-07-18-central.tar.gz
-rw-r--r-- 1 root root    1399085 Jul 18 03:30 2021-07-18-centreon-engine.tar.gz
-rw-r--r-- 1 root root     107990 Jul 18 03:30 2021-07-18-centreon.sql.gz
-rw-r--r-- 1 root root  610453361 Jul 18 03:33 2021-07-18-centreon_storage.sql.gz
-rw-r--r-- 1 root root     194274 Jul 19 03:30 2021-07-19-central.tar.gz
-rw-r--r-- 1 root root    1399306 Jul 19 03:30 2021-07-19-centreon-engine.tar.gz
-rw-r--r-- 1 root root     194709 Jul 20 03:30 2021-07-20-central.tar.gz
-rw-r--r-- 1 root root    1375909 Jul 20 03:30 2021-07-20-centreon-engine.tar.gz
-rw-r--r-- 1 root root     195049 Jul 21 03:30 2021-07-21-central.tar.gz
-rw-r--r-- 1 root root    1379309 Jul 21 03:30 2021-07-21-centreon-engine.tar.gz
drwxr-xr-x 9 root root        123 Jul 15 03:30 central
[root@mon172 backup]#
```

图 13-1

解压文件 central.tar.gz 及 centreon-engine.tar.gz，备份的对象一目了然（如图 13-2 所示）。

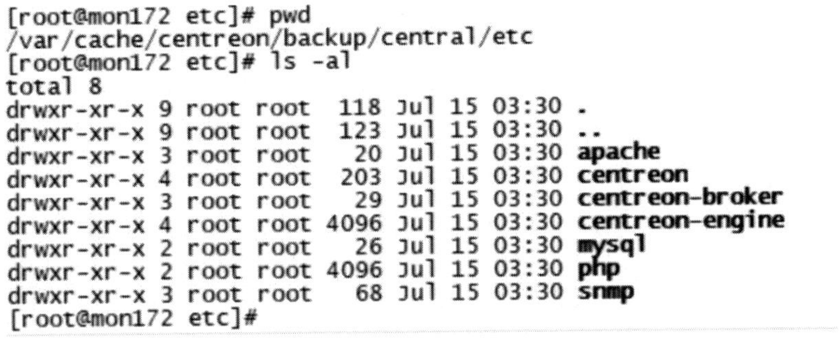

```
[root@mon172 etc]# pwd
/var/cache/centreon/backup/central/etc
[root@mon172 etc]# ls -al
total 8
drwxr-xr-x 9 root root  118 Jul 15 03:30 .
drwxr-xr-x 9 root root  123 Jul 15 03:30 ..
drwxr-xr-x 3 root root   20 Jul 15 03:30 apache
drwxr-xr-x 4 root root  203 Jul 15 03:30 centreon
drwxr-xr-x 3 root root   29 Jul 15 03:30 centreon-broker
drwxr-xr-x 4 root root 4096 Jul 15 03:30 centreon-engine
drwxr-xr-x 2 root root   26 Jul 15 03:30 mysql
drwxr-xr-x 2 root root 4096 Jul 15 03:30 php
drwxr-xr-x 3 root root   68 Jul 15 03:30 snmp
[root@mon172 etc]#
```

图 13-2

备份的东西越多，故障恢复起来就越复杂，不推荐。

13.1 最快的备份及恢复

对 Centreon 中央监控服务器整个系统备份，再进行完整性恢复，无疑是速度最快的。在笔者所负责管控的项目中，所有 Centreon 都部署在虚拟机平台上。即便是单节点，也是先部署好虚拟化平台、创建虚拟机、外挂一个共享的有读写权限的 NFS 服务器。虚拟化管理平台，首选开源易用的 Proxmox VE（简称 PVE），可单机、可集群、去中心化。在 PVE 平台部署 Centreon 中央监控服务器与在物理服务器上的操作完全一样。

13.1.1 Centreon 系统备份

登录 PVE 后台，准备好存储资源，并保证资源可以读写。因本节内容关联到 Proxmox VE，请读者参照《Proxmox VE 超融合集群实践真传》一书。

（1）选定主机"mon172"，可以直接在线备份（如图 13-3 所示），但速度会慢很多。如果选择夜间维护窗口，关闭系统，再进行备份，速度会快很多。

（2）存储由默认本地"local"改成"nfs140"（如图 13-4 所示）。"nfs140"为外挂的 NFS 共享存储，主要用于存放操作系统 ISO 镜像文件及日常备份。

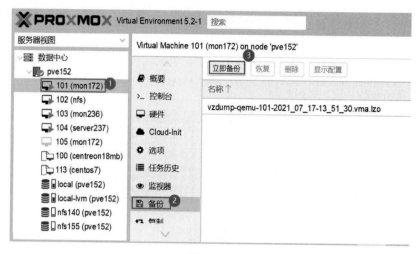

图 13-3

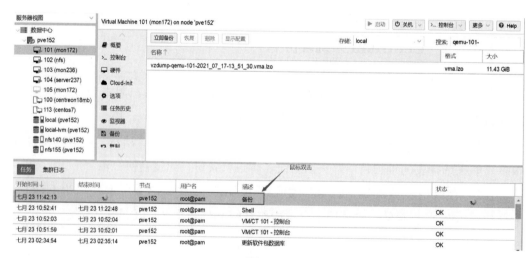

图 13-4

（3）单击"备份"按钮，观察备份进度，没有特殊情况，不要终止备份。备份过程中，可以关闭备份状态显示窗口，不会影响到备份。想要继续查看备份进度，可双击底部的"任务"按钮调出（如图 13-5 所示）。

图 13-5

（4）观察备份进程，等待其完成。正常完成备份，任务输出有"TASK OK"文本行（如图 13-6 所示）。

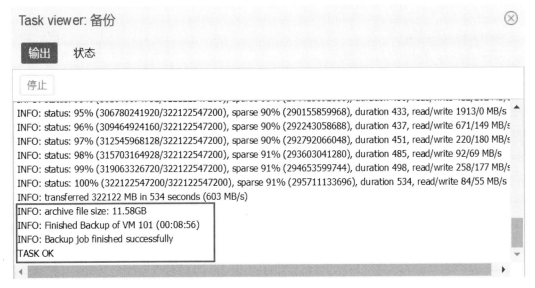

图 13-6

（5）确认备份是否存储到指定位置"nfs140"上（如图 13-7 所示），并记录下备份文件的名字（可能有很多不同日期的备份文件），以便于精准恢复。

图 13-7

13.1.2 Centreon 系统快速恢复

在进行恢复操作之前，需要完成以下任务：
（1）确认备份文件存在并完好。

（2）关闭正在运行的 Centreon 系统，使系统不再存活、Centreon Web 管理后台不能访问。

（3）删除已经停止的虚拟机"mon172"，如图 13-8 所示。

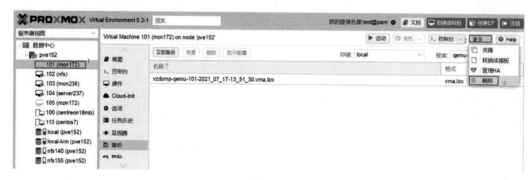

图 13-8

完成上述操作以后，就可以执行下列步骤进行快速恢复。

（1）选定刚做好的备份文件进行恢复，如图 13-9 所示。

图 13-9

（2）填写虚拟化平台 Proxmox VE 内唯一 ID（如图 13-10 所示）。填写时一定要仔细核对，以免与其他系统相冲突，造成不可预知的后果。

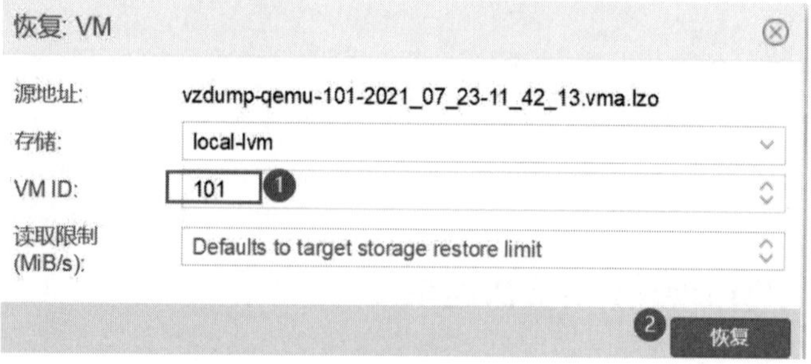

图 13-10

（3）恢复完毕以后，选中恢复出来的"mon172"，右击，调出菜单按钮"启动"虚拟机（如图 13-11 所示）。

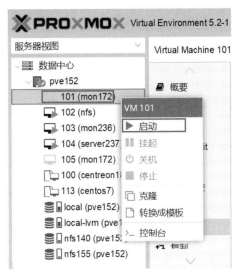

图 13-11

（4）等待虚拟机"mon172"启动完全正常（图标带三角形播放符号）。单击子菜单"概要"，观察其运行状态（如图 13-12 所示）。

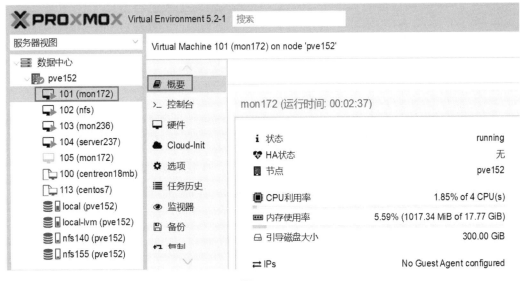

图 13-12

（5）以 SSH 客户端登录"mon172"所在的系统，检查主机名、IP 地址等是否与备份前完全一样；再逐项检查与 Centreon 相关的各项服务是否启动、配置文件是否完备。

（6）浏览器登录 Centreon Web 管理后台，检查各功能项是否正常，监控项是否载入（如图 13-13 所示）。

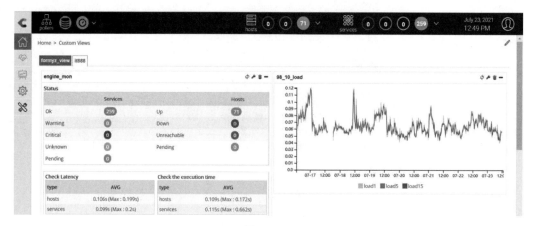

图 13-13

远端 Poller 不需要备份，因为配置是从 Centreon 中央监控服务器的数据库获取并自动生成，插件文件"check_nrpe"、钉钉机器人报警调用文件"ding.py"，也可从 Centreon 中央监控服务器远程复制。至于 gorgoned 配置，从 Centreon 的 Web 管理后台获取后，直接复制文本到远端 Poller 的"/etc/centreon-gorgone/config.d/40-gorgoned.yaml"文件。

13.2 简化性的 Centreon 备份及恢复

备份最好是异机或者异地，这样才能最大限度地保证数据安全。在笔者的工作场景中，总是部署一个大容量、做了磁盘冗余处理（RAID 5）的 NFS 服务器放在网络中，作为数据备份的共享存储。把 NFS 做好权限控制，挂载连接到 Centreon 中央服务器，进入挂载目录，尝试创建目录及文件，没有问题后，再进行下一步操作。

13.2.1 备份 MariaDB 数据库

相对于著名的 Zabbix，Centreon 数据库存储的数据量要小得多，因此，全部备份是个好主意。登录 Centreon 中央监控服务器，命令行执行如下指令进行数据库全库备份。

```
[root@mon172 ~]# mysqldump --all-databases -p > all_db.sql
```

13.2.2 备份非数据库文件

命令行下，用"scp"或者"rsync"把文件"/usr/bin/ding.py""/usr/local/nrpe/libexec/check_nrpe"复制到共享目录，牢记其存储位置。

13.2.3 Centreon 中央监控服务器恢复

不建议在原系统进行恢复，这样操作可能引起更多的麻烦，以下操作都是在新部署的 Centreon 系统上进行的。

（1）以 ISO 镜像文件为例，安装一个完整的 Centreon 系统，配置好 IP 地址，此 IP 与源 Centreon 最好在同一个网段。

（2）在命令行执行"yum update"进行系统更新。

（3）设置数据库 root 账号密码。安装完 Centreon，数据库默认密码为空，在 Centreon 20.04 及以前的版本，不用设置就能进行 Web 后安装。但是新版的 Centreon 21.04，必须先设置密码，在浏览器界面进行安装后，才能正常进行到下一步操作。

（4）浏览器地址栏输入新安装 Centreon 所在系统的 IP 地址，进行管理后台安装（如图 13-14 所示）。

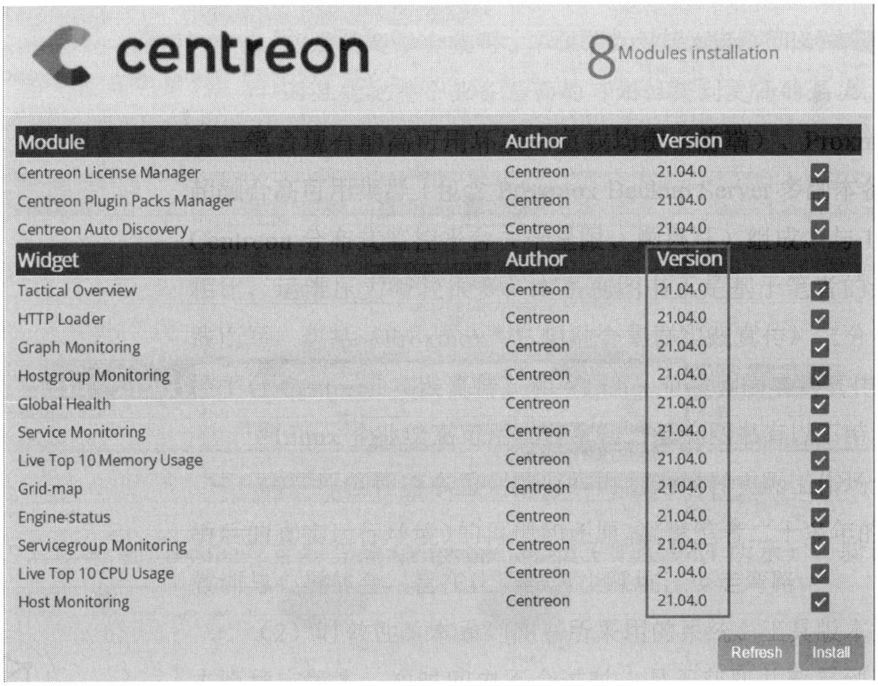

图 13-14

（5）确保 Centreon Web 管理后台可以登录（如图 13-15 所示）。

图 13-15

（6）登录 Centreon 所在的系统，命令行执行数据库数据导入。

```
[root@mon237 ~]# mysql -p <all_db.sql
```

数据导入完毕，并且导入过程没有报错，则切换到 CentreonWeb 管理后台，刷新页面，查看数据是否导入。导入数据以后，主机状态即服务状态有数字显示（如图 13-16 所示）。

图 13-16

（7）Centreon 系统命令行启动服务 "cbd" "centreon" "centengine" "gorgoned" 等。

（8）浏览器刷新后台管理页面，观察页面显示状态（如图 13-17 所示）。

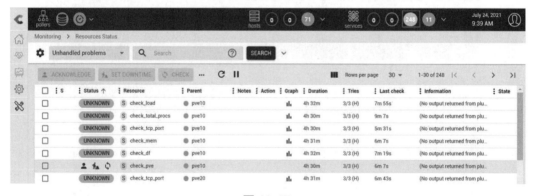

图 13-17

从页面输出可知，Poller 运行正常，数据全部成功导入，但出现 248 个服务监控处于未知状态（UNKNOWN）。切换到系统命令行，查看目录 "/etc/centreon-engine",打开文件"hosts.cfg""services.cfg"等,内容都进行了自动更新。

(9)命令行创建目录"/usr/local/nagios/libexec",并复制备份文件到该目录下。

```
[root@mon237 centreon-engine]# mkdir -p /usr/local/nagios/libexec
[root@mon237 centreon-engine]# scp 172.16.98.172:/usr/local/nagios/libexec/check_* /usr/local/nagios/libexec
```

(10)刷新 Centreon Web 管理后台页面,应该都正常了(如图13-18所示)。

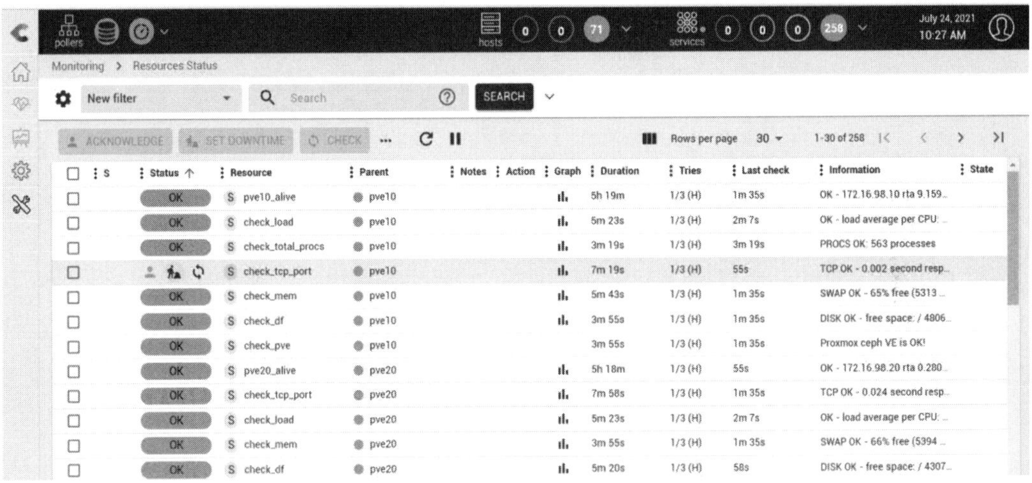

图 13-18

(11)复制钉钉机器人告警文件 ding.py 到目录"/usr/bin/ding.py"。

(12)关闭原 Centreon 中央监控服务器,把新部署的服务器的 IP 改为源服务器 IP(可选)。如果存在远端 Poller,尽量使用"gorgone"协议,重新生成验证信息,就不用生成 SSH Keys。

13.3 经验总结

官方文档对于备份和恢复,特别是恢复过程,稍显复杂:恢复两个数据库(centreon、centreon_storage)、一大堆配置文件(MariaDB、Apache、PHP、SNMP、centreon、centreon-broker 等)。用简化后的方式进行备份和恢复,效率高而且不容易弄混淆。Centreon Web 管理后台关于备份的设定,不知道为什么设置得那么隐秘,不在配置菜单中,而是在参数"Parameters"菜单。可以对自动备份进行改造,用自己的备份脚本代替文件"/usr/share/centreon/cron/centreon-backup.pl",再修改自动任务文件

"/etc/cron.d/centreon"。当然，最好的备份及恢复方式是在虚拟化平台上，对这个系统镜像，并从镜像中进行恢复。

有一个需要特别注意的地方，就是目标系统尽可能与源系统 Centreon 版本号一致，如果用较高的版本号进行恢复（比如备份的 Centreon 版本是 20.04，用于恢复的系统是 Centreon 21.04），理论上看起来没有问题，但导入数据库恢复的是低版本，就会导致 Centreon Web 管理后台不能正常工作，如页面左侧的菜单按钮缺失。

Centreon 典型故障处理

Centreon 监控平台可能的故障点大致包括 CentreonCentral、远端 Poller、被监控端 NRPE 几个方面，根据实际运营情况，笔者对一些常见的故障进行汇总，希望对大家有所帮助。要知道，不出故障的系统是不存在的。

14.1 远端 Poller 故障

远端 Poller 最常见的问题是与 CentreonCentral 连接不成功，这个故障经常发生在初始部署阶段。有这样一个场景：CentreonCentral 中央监控服务器位于某 IDC 机房内部网络，没有条件给其分配公网 IP 地址，日常管控是通过前端负载均衡通过域名转发到内部私有地址；在另一个 IDC 机房，且不属于同一运营商网络，有一些处于内部网络的系统需要被监控，这个网络部署了有公网 IP 地址的 Poller，大致的结构如图 14-1 所示。

考虑到 CentreonCentral 中央监控服务器没有公网 IP 地址，于是计划用 SSH 协议进行通信。在 CentreonCentral 端生成用户"centreon" SSHKEY 文件，并将其复制到远端 Poller，用"centreon"账号以 SSH 连接远端 Poller，免密码登录成功。但在 CentreonCentral 中央监控服务器 Web 管理后台，无论如何重启 Centreon 引擎，添加上来的 Poller 始终不运行（如图 14-2 所示）。

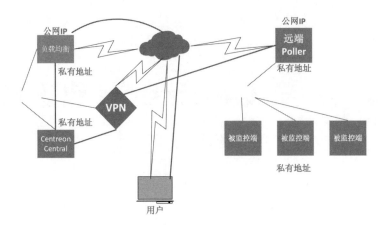

图 14-1

图 14-2

在 CentreonCentral 及远端 Poller 查各种日志，也没发现有价值的信息。因为有解决本地 Poller 故障的经验，知晓 Poller 的启动与 Cbd 服务相关。于是到远端 Poller 查看目录"/etc/centreon-broker"的配置文件"poller165-module.json"，其内容如下：

```
{
"centreonBroker": {
"broker_id": 17,
"broker_name": "poller165-module",
"poller_id": 15,
"poller_name": "poller165",
"module_directory": "/usr/share/centreon/lib/centreon-broker",
"log_timestamp": false,
"log_thread_id": false,
"event_queue_max_size": 100000,
"command_file": "",
"cache_directory": "/var/lib/centreon-engine",
"logger": [
{
"name": "/var/log/centreon-broker/module-poller165.log",
"config": "yes",
"debug": "no",
"error": "yes",
"info": "no",
"level": "low",
"type": "file"
}
```

```
],
"output": [
{
"name": "central-module-master-output",
"port": "5669",
"host": "32.162.83.25",
"retry_interval": "60",
"buffering_timeout": "0",
"protocol": "bbdo",
"tls": "no",
"negociation": "yes",
"one_peer_retention_mode": "no",
"compression": "no",
"type": "ipv4"
}
],
"stats": [
{
"type": "stats",
"name": "poller165-module-stats",
"json_fifo": "/var/lib/centreon-engine/poller165-module-stats.json"
}
],
"grpc": {
"port": 51017
}
}
}
```

配置中，有一行""port": "5669","及另一行""host": "32.162.83.25",""，其中主机地址是 CentreonCentral 中央监控服务器的 VPN 网关，因为 CentreonCentral 本身没有公网 IP，于是就填写了它的默认网关地址。切换到 CentreonCentral 中央监控服务器，看 TCP 5666 端口是什么服务在监听。

```
[root@mon135 centreon-broker]# netstat -anp | grep 5669
tcp        0      0 0.0.0.0:5669            0.0.0.0:*               LISTEN      1253/cbd
tcp        0      0 127.0.0.1:58636         127.0.0.1:5669          ESTABLISHED 1252/centengine
tcp        0      0 127.0.0.1:5669          127.0.0.1:58636         ESTABLISHED 1253/cbd
tcp        0      0 172.16.228.135:5669     172.16.228.1:49308      ESTABLISHED 1253/cbd
```

联合起来判断，应该是远端 Poller 的 CentreonEngine 通过网络与 CentreonCentral 中央监控服务器的 Cbd 服务通信（端口 TCP 5669）。试着在 CentreonCentral 所在的默认网关做 TCP 端口映射，并使其生效（如图 14-3 所示）。

图 14-3

切换到远端 Poller，命令行执行 telnet "CentreonCentral 默认网关 IP 地址" 5669 验证其有效性。

```
[root@poller165 centreon-broker]# telnet 32.162.83.25 5669
Trying 32.162.83.25...
Connected to 32.162.83.25.
Escape character is '^]'.
```

一切准备妥当，CentreonCentral 中央监控服务器 Web 管理后台重载或重启远端 Poller，查看其运行状态（如图 14-4 所示）。

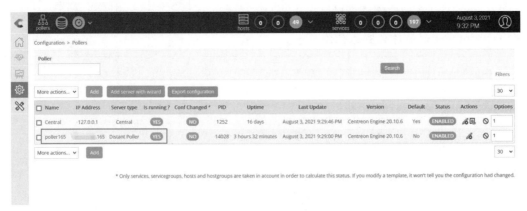

图 14-4

在 VPN 网关做 TCP 5669 端口映射以后，故障排除。

14.2 CentreonCentral 中央监控服务器故障

CentreonCentral 中央监控服务器涉及组件很多，同时也意味着可能发生故障的点多。

14.2.1 CentreonCentral Web 管理后台不能登录

这种故障通常发生在 Centreon 大版本升级完成的时候，刷新浏览器，出现 HTTP 503 错误（如图 14-5 所示）。

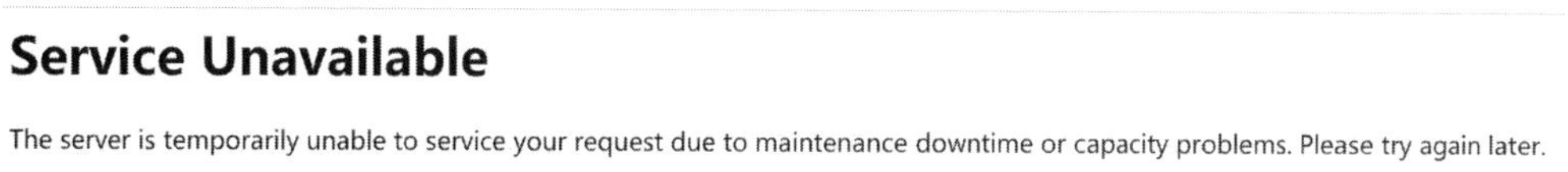

Service Unavailable
The server is temporarily unable to service your request due to maintenance downtime or capacity problems. Please try again later.

图 14-5

与 Web 有关的无非是 Apache、PHP 及数据库 MySQL（MariaDB），逐个排查即可。

- 检查 MySQL：查看 mysqld 进程是否存在？如果存在，则用 MySQL 客户端登录，执行“show databases”进行简单排查。
- 检查 Apache：查看 httpd 进程是否存活？如果存活，在目录“/opt/rh/httpd24/root/var/www/html”创建文件 test.html，编辑文件，插入文本行“ApacheisOK！”，保存文件 test.html，然后在浏览器地址栏中输入 http://centreon_web_ip/test.html，如果页面能够正常访问（如图 14-6 所示），则 Apache 的服务本身是正常的。

不安全 | 172.16.98.172/test.html
Apache is OK !

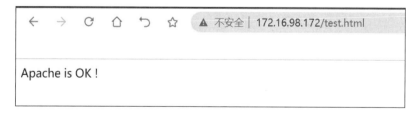

图 14-6

- 检查 PHP：其他两项都没问题，那么问题基本可断定是 PHP 了。查看进程，有重大发现。

```
[root@mon172 ~]#ps auxww| grep php|grep -v grep
root        15915  0.0  0.1 388676 18108 ?        Ss   10:15   0:00
php-fpm: master process (/etc/opt/rh/rh-php72/php-fpm.conf)
apache      15916  0.0  0.0 388640  9348 ?        S    10:15   0:00
php-fpm: pool www
apache      15917  0.0  0.0 388640  9348 ?        S    10:15   0:00
php-fpm: pool www
apache      15918  0.0  0.0 388640  9348 ?        S    10:15   0:00
php-fpm: pool www
apache      15919  0.0  0.0 388640  9348 ?        S    10:15   0:00
php-fpm: pool www
apache      15920  0.0  0.0 388640  9352 ?        S    10:15   0:00
php-fpm: pool www
apache      25418  1.9  0.1 399700 22228 ?        S    11:04   0:00
php-fpm: pool centreon
apache      25443  0.5  0.0 390948 14148 ?        S    11:04   0:00
php-fpm: pool centreon
apache      25444  0.5  0.0 390948 14140 ?        S    11:04   0:00
php-fpm: pool centreon
```

系统重启后，启动的是 PHP 的 7.2 版本，而不是刚升级的 PHP 7.3。于是在命令行下执行停用 PHP 7.2，启用 PHP 7.3 操作，再刷新浏览器，问题解决。

14.2.2　Cdb 服务不能启动

某个项目，将 Centreon 20.04 升级到最新的 Centreon 21.04，开始一切都很顺利，但到后面重启服务时，其他服务启动正常，唯独 Cbd 服务无法启动，导致 Poller 不能正常工作（包括本地及远程 Poller），如图 14-7 所示。

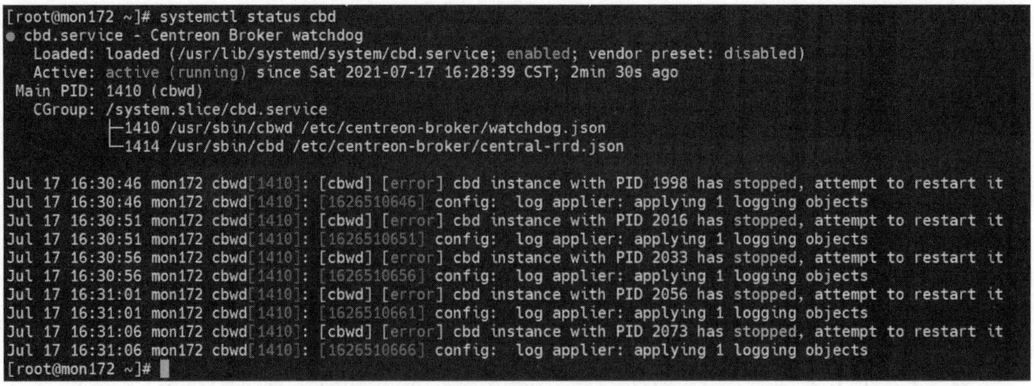

图 14-7

服务有问题，首先看配置文件。Cbd 的相关配置文件位于目录"/etc/centreon-broker"，如图 14-8 所示。

```
[root@mon172 centreon-broker]# pwd
/etc/centreon-broker
[root@mon172 centreon-broker]# ls -al
total 48
drwxrwxr-x.   2 centreon-broker centreon-broker  250 Jul 24 15:44 .
drwxr-xr-x. 101 root            root            8192 Jul 24 15:44 ..
-rw-rw-r--    1 centreon-broker centreon-broker 3088 Jul 24 15:38 central-broker.json
-rw-rw-r--    1 centreon-broker centreon-broker 3339 May 12  2020 central-broker.xml.rpmsave
-rw-rw-r--    1 centreon-broker centreon-broker 1522 Jul 24 15:38 central-module.json
-rw-rw-r--    1 centreon-broker centreon-broker 1588 May 12  2020 central-module.xml
-rw-rw-r--    1 centreon-broker centreon-broker 1941 Jul 24 15:38 central-rrd.json
-rw-rw-r--.   1 centreon-broker centreon-broker 2097 May 12  2020 central-rrd.xml.rpmsave
-rw-rw-r--    1 centreon-broker centreon-broker 1473 Jul 12 22:09 poller-module.json
-rw-rw-r--    1 centreon-broker centreon-broker  549 Jul 24 15:38 watchdog.json
-rw-rw-r--.   1 centreon-broker centreon-broker  529 May 12  2020 watchdog.xml.rpmsave
[root@mon172 centreon-broker]#
```

图 14-8

在文件 centreon-broker.json 中，发现一行文本"cache_directory"："/var/lib/centreon-broker"，这个目录是缓存数据所在。根据升级文档，升级过程有个步骤是关闭 Cdb 服务，并执行删除缓存文件的操作，具体指令如下：

```
systemctl stop cbd
rm -f /var/lib/centreon-broker/*
```

再启动 Cbd 服务，应该就没问题了（如图 14-9 所示）。

```
[root@mon172 centreon-broker]# systemctl status cbd
● cbd.service - Centreon Broker watchdog
   Loaded: loaded (/usr/lib/systemd/system/cbd.service; enabled; vendor preset: disabled)
   Active: active (running) since Wed 2021-08-04 12:02:08 CST; 2s ago
 Main PID: 4105 (cbwd)
   CGroup: /system.slice/cbd.service
           ├─4105 /usr/sbin/cbwd /etc/centreon-broker/watchdog.json
           ├─4106 /usr/sbin/cbd /etc/centreon-broker/central-broker.json
           └─4107 /usr/sbin/cbd /etc/centreon-broker/central-rrd.json

Aug 04 12:02:08 mon172 systemd[1]: Started Centreon Broker watchdog.
Aug 04 12:02:08 mon172 cbwd[4105]: [1628049728] config: log applier: applying 1 logging objects
Aug 04 12:02:08 mon172 cbwd[4105]: [1628049728] config: log applier: applying 1 logging objects
```

图 14-9

14.2.3 Centreon Poller 间歇性停止故障

1. 故障表现

有一个 Centreon 单节点监控系统（不含分布式），隔三差五就挂掉，幸好笔者安排人手，时不时访问 Web 管理后台，才没出现大的纰漏。其主要症状是 Poller 失效（如图 14-10 所示），但系统其他进程比如 Apache、PHP、Centreon-engine 等运行正常。

图 14-10

在 Centreon Web 管理后台重载（reload）或者重启（restart）Cbd 服务，无效；登录系统，执行指令"systemctl start cbd"，也无效，只能重启系统，才能正常。因为这个 Centreon 是部署在 PVE（Proxmox VE）平台，以虚拟机形式承载的，相关人员不胜其烦，认为是 PVE 的问题，打算将其备份，然后恢复到 PVE 的其他物理节点。笔者想了一下，PVE 上那么多虚拟机，虽然是其他应用，但都没出现问题，而且出问题是 Centreon 的一个应用 Cbd 而已，与虚拟机本身的关系不大，应该另有原因。

2. 故障分析

既然其他服务正常，那么就从有故障的 Cbd 服务入手。找到 Cbd 日志所在的目录，其完整路径为"/var/log/centreon-broker"，查看其下的文件，基本上都是日志及日志归档（如图 14-11 所示）。

图 14-11

虽然日志文件很多，但能查到有用信息的文件是 centreon-master.log，在个案里面，解决故障的日期是 11 月 25 日，因此笔者就查看文件 central-broker-master.log-20201125，如果时间再久远一些，系统会自动把旧文件压缩打包，以 .gz 的形式结尾。Centreon 自带工具 zcat，可以直接查看 .gz 结尾的文件。这里，笔者随机打开一个（如图 14-12 所示），看是否有收获。

图 14-12

果然有报错信息，原来是数据库连接不上。再查看一下 11 月 25 日的日志文件（如图 14-13 所示），因为这个文件比其他文件都大，信息应该更详细。

图 14-13

根据报错信息，笔者的解读就是 MySQL 连接不上，导致 Cbd 服务不能正常运行。那么好办，MySQL 就在本机，顺藤摸瓜查看 MySQL 是什么状况。

先看 MySQL 进程是否运行，其没有运行。前面只顾查看"centreon"开头的进程是否运行，忘记 MySQL 了。原来肯定是运行着的，不然监控一直就应该处于不正常状态。看了一眼系统日志及磁盘空间使用情况（怕磁盘占满），未发现有用信息，那么剩下的地方就是 MySQL 错误日志可以作为选择目标，其所在路径为"/var/lib/

mysql"，文件名以主机名加 .err 后缀结尾（如图 14-14 所示）。

图 14-14

打开这个错误日志文件（如图 14-15 所示），看看到底什么原因所致。

图 14-15

初步判断是字符集的问题。为什么会出现这个问题？可能的原因是笔者经常对系统执行 yum update 升级系统，其他的软件包升级都正常，而 MariaDB 却没有一次升级成功。于是就计划尝试对 MariaDB 进行升级，看问题是否还存在。

3. 故障处理

故障处理大致分以下几个步骤：

（1）先对数据库做完整备份，以备不时之需，步骤不再赘述。

（2）用"yumremove"指令删除数据库。

（3）用"yuminstall mariadb-server mariadb-client"指令重新安装数据库。由于删除数据库软件并不会删除数据库文件，如果运气好，直接就可以启动数据库，并用指令"mysql_upgrade"进行升级。升级完毕，登录 MySQL，查看库或者表是否被识别。

（4）执行指令"systemctl start cbd"启动服务，查看进程是否运行。

4. 验证

登录 CentreonWeb 管理后台，查看 Poller 运行状态（如图 14-16 所示），图标变成绿色，则表示运行正常，故障处理成功。

图 14-16

继续观察数日，看故障是否还会出现。通过十多天的观察，再也没发生同样的故障（如图 14-17 所示），如果有其他监控，可以把这个 Centreon 也给监控上。

图 14-17

14.3 NRPE 故障

NRPE（Nagios Remote Plugin Executor）故障主要集中在权限及手动撰写的

Nagios 插件上，运行中的 NRPE 服务，很少发生异常，故障通常发生在 NRPE 的初始阶段。

14.3.1 普通账号权限问题

1. 问题描述

CentreonCentral Web 管理后台新加监控项 check_pve，对 Proxmox VE 集群进行监控，笔者写了一个 Shell 脚本 check_pve（脚本内容附后），位于目录"/usr/local/nagios/libexec"，手动执行"./check_pve"，输出正常，如图 14-18 所示。

```
root@pve162:/usr/local/nagios/libexec# ./check_pve
Proxmox ceph VE is OK!
```

图 14-18

于是通过 CentreonCentral 中央服务器的 Web 管理后台，将其添加到监控中，重启 Poller，监控状态显示"UNKNOWN"（如图 14-19 所示）。

图 14-19

2. 问题排查

修改配置文件 nrpe.cfg，开启日志记录。

```
log_file=/usr/local/nagios/var/nrpe.log
debug=1
```

重启服务"nrpe"，查看日志文件"/usr/local/nagios/var/nrpe.log"，发现有如下异常输出。

```
[1628690351] Host 172.16.228.135 is asking for command 'check_pve' to be run...
[1628690351] Running command: /usr/local/nagios/libexec/check_pve
[1628690351] Command completed with return code 0 and output:
[1628690351] Return Code: 3, Output: NRPE: Unable to read output
[1628690351] Connection from 172.16.228.135 closed.
```

但该主机的其他项完全正常，由此猜测，可能是账号权限的问题，因为手动执行 check_pve 是笔者在 root 权限下进行的，而 nrpe 服务则是以 nagios 账号运行的。顺着这个思路，把账号切换到 nagios，执行如下指令进行排查：

```
root@pve162:~# su - nagios
nagios@pve162:~$ cd /usr/local/nagios/libexec/
nagios@pve162:/usr/local/nagios/libexec$ sh check_pve
(No info could be read for "-p": geteuid()=1000 but you should be root.)
Error initializing cluster client: PermissionDeniedError('error calling conf_read_file',)
check_pve: 9: check_pve: [[: not found
```

果然是权限问题。解决这个普通用户执行 root 权限的方法之一是 sudo，当然也可以用特殊方法，把 nagios 账号的 uid 强制改成"0"。

3. 问题解决

登录欲监控的 PVE 节点所在的系统，用命令行"visudo"编辑器或者"vi"修改文件"/etc/sudoers"，增加一行文本，其内容如下：

```
nagios    ALL=(root) NOPASSWD:/usr/local/nagios/libexec/check_pve
```

保存修改以后，再执行如下命令进行验证：

```
root@pve162:~# su - nagios
nagios@pve162:~$ sudo /usr/local/nagios/libexec/check_pve
Proxmox ceph VE is OK!
```

由输出可知，权限问题完美解决。接下来，修改配置文件"/usr/local/Nagios/etc/nrpe.cfg"，被修改后的文本行内容如下：

```
command[check_pve]=sudo /usr/local/nagios/libexec/check_pve
```

与其他命令行定义不同，"check_pve"多了文本"sudo"（如图 14-20 所示）。

```
command[check_users]=/usr/local/nagios/libexec/check_users -w 5 -c 10
command[check_load]=/usr/local/nagios/libexec/check_load -r -w 15,10,05 -c 30,25,20
#command[check_hda1]=/usr/local/nagios/libexec/check_disk -w 20% -c 10% -p /dev/hda1
#command[check_df]=/usr/local/nagios/libexec/check_disk -x tmpfs -x devtmpfs -w 20% -c 10%
command[check_zombie_procs]=/usr/local/nagios/libexec/check_procs -w 5 -c 10 -s Z
command[check_total_procs]=/usr/local/nagios/libexec/check_procs -w 750 -c 900
command[check_pve]=sudo /usr/local/nagios/libexec/check_pve
```

图 14-20

被监控系统重启服务 NRPE，稍等片刻，切换到 CentreonCentral 中央监控服务器 Web 管理后台，查看监控状态（如图 14-21 所示），正常了。

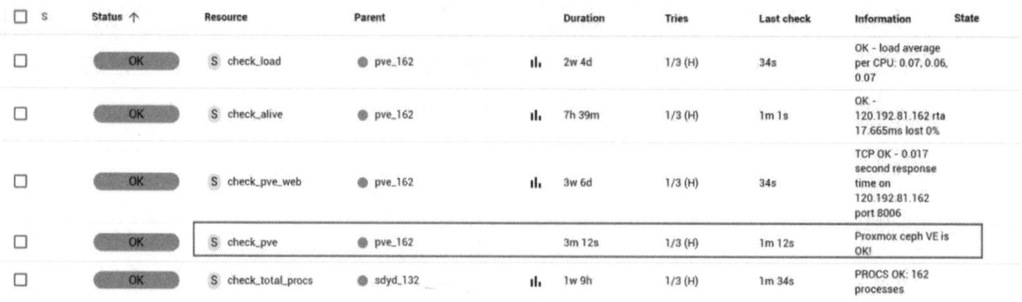

S	Status ↑	Resource	Parent	Duration	Tries	Last check	Information	State
☐	OK	S check_load	● pve_162	2w 4d	1/3 (H)	34s	OK - load average per CPU: 0.07, 0.06, 0.07	
☐	OK	S check_alive	● pve_162	7h 39m	1/3 (H)	1m 1s	OK - 120.192.81.162 rta 17.665ms lost 0%	
☐	OK	S check_pve_web	● pve_162	3w 6d	1/3 (H)	34s	TCP OK - 0.017 second response time on 120.192.81.162 port 8006	
☐	OK	S check_pve	● pve_162	3m 12s	1/3 (H)	1m 12s	Proxmox ceph VE is OK!	
☐	OK	S check_total_procs	● sdyd_132	1w 9h	1/3 (H)	1m 34s	PROCS OK: 162 processes	

图 14-21

14.3.2 远端 Poller 内的 NRPE 权限问题

1. 问题描述

Poller 内部的被监控主机，其上运行 NRPE，以便对各项主机资源进行有效监控。为了安全起见，NRPE 需要对允许访问的主机做限制，在其配置文件中，以"allowed_hosts"进行设定，只有明确指定的主机，才可以通过 TCP 5666 端口访问服务 NRPE。那么问题来了，是指定 CentreonCentral 中央监控服务器的地址还是同网络的 Poller 地址？

2. 问题排查

在安装有 NRPE 服务的被监控端，分别以 CentreonCentral 中央监控服务器的 IP 地址及同侧 Poller 的 IP 地址进行对比测试，结果是同侧 Poller 地址有效。

3. 问题解决

配置文件 nrpe.cfg 中，"allowed_hosts=Poller_IP"，重启服务 NRPE 即可。

脚本 check_pve 内容如下：

```bash
#!/bin/bash
#Writed by sery(vx:formyz) in 2021-07-01
source /etc/profile
is_corosync=`ps aux| grep corosync|grep -v grep|wc -l`
pve_tcp8006=`netstat -anp| grep pveproxy | grep tcp| wc -l`
ceph_health=`ceph health detail| grep HEALTH|awk '{print $1}'`
if [[ $is_corosync == 1 ]] && [[ $pve_tcp8006 -ge 1 ]]
then
if  [[ $ceph_health = "HEALTH_OK" ]]
then
echo "Proxmox ceph VE is OK!"
exit 0
```

```
elif [[ $ceph_health = "HEALTH_WARN" ]]
then
echo "Proxmox VE ceph is WARNING"
exit 1
else
echo "Proxmox Ve is CRITICAL"
exit 2
fi
fi
```

第 15 章　杂项

Centreon 作为监控平台，其功能非常强大，虽然不可能面面俱到，把所有的功能都用上，但对有些功能做一些探讨，也应该是有益的。

15.1 Centreon 高可用性（HA）

Centreon 支持两节点或者四节点的高可用集群。两节点集群的机构是一个主备结构，Centreon 与数据库部署在同一个物理节点（也可以虚拟机）；而四节点则是前端两个节点，运行 Centreon 相关的应用，后端两个节点做数据库。四节点高可用集群与两节点高可用集群相比较，无非是把数据库独立出来，通过增加节点数量，提高可用性，其原理是完全一样的。

Centreon 高可用基于 Clusterlabs 的 Pacemaker 及 Corosync 组件，将 Centreon 监控所依赖的服务 centreon-engine、centreon-broker、centreon-gorgone、snmptrapd and centreontrapd、php-fpm、apache server、MariaDB 等作为资源加入 PCS 集群，同时 MariaDB 数据库启用主从同步功能。与一般的 PCS 高可用集群相比较，CentreonHA 没有使用共享存储，这种模式要复杂一些。因为数据库同步、故障切换进行主从角色切换，增加了故障点。

两节点 CentreonHA 的总体架构如图 15-1 所示，以资源划分大致包含虚拟 IP、服务所依赖的配置及文件同步、数据库同步、数据库角色切换仲裁设备。

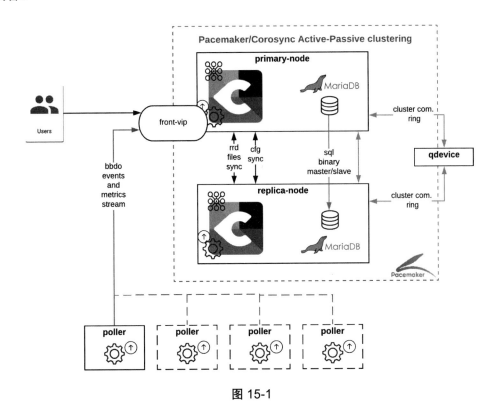

图 15-1

- 前端虚拟网络地址（VIP）。用户登录 Web 管理后台使用，作为节点的附加地址，某一时刻，此 VIP 只附加到某台节点（称主节点），一旦节点故障，此 VIP 漂移到另一台可用的节点上。
- 文件或者配置同步。主备两节点部署的服务一模一样，服务本身在运行过程中不会发生变化，因此只需要同步少许发生变化的配置或者运行过程中生成的数据，比如 rrd 文件。
- 数据库主从同步。没有 PCS 常用的共享存储，为了保证数据的可用性和一致性，CentreonHA 采用数据库主从同步机制。
- 数据库虚拟网络地址（VIP）。确保只有一个数据库写入数据，而另一个来进行同步。当主数据故障时，VIP 漂移到另一个节点，继续提供读写访问。
- Qdevice（quorum-device）。仲裁数据库主从角色，保证数据的可用性。

CentreonHA 的部署相当复杂，甚至让人不想继续进行。其实还不如 PCS 加共享存储，部署好 PCS 后启动，然后在 Web 管理后台添加 VIP 等各种资源，还省却了数据库同步、数据库角色仲裁等各种麻烦。

在笔者的项目中，从未使用官方提供的CentreonHA，它部署起来太复杂了。基本上是把Centreon部署在Promxox VE的虚拟平台上，部署完毕后，备份整个虚拟机，故障时直接从备份中完整恢复。当然，在虚拟环境下，PCS加共享存储的模式，也可以做个尝试。

15.2 监控更大规模的网络

开源版本的Centreon仅仅支持监控100个主机项，要想监控更多的主机，要么付费用商业版本，要么多部署几套。商业版本的报价基于被监控设备的数量，从250个受监控设备开始，然后是500个、1000个、2500个、5000个、10000个到更多。

突破了监控主机数量的限制，CentreonCentral中央监控服务器配合多远端Poller模式（如图15-2所示），既能分担CentreonCentral负荷，又能解决网络拓扑上的限制。通过合理的规划，监控大规模网络成为可能。

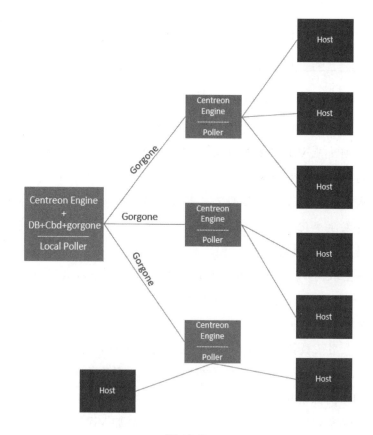

图15-2

15.3 Centreon 的安全性

Centreon 作为监控平台，涉及面比较广，它的安全性包括 Centreon 本身、远端 Poller 及被监控主机的安全。

- CentreonCentral 中央监控服务器的安全隐患主要有：系统账号的安全、数据库账号安全、管理后台账号安全等。
  - Centreon 系统账号安全。部署好的中央监控服务器，至少自动创建 7 个普通账号，如没有必要，不要给这些账号指定 Shell 和设定密码。
  - 低版本的 Centreon，数据库默认为空密码，为安全起见，升级 Centreon 到高版本，或者给数据库的 root 账号设定复杂密码。
  - 重要的文件，尽量备份在安全的地方，比如 "/etc/centreon" 目录中的文件，就有应用程序连接数据库的重要信息。
  - 操作系统 CentOS 有重大安全漏洞纰漏时，及时修补或执行系统更新。
- 远端 Poller 安全。相对于 CentreonCentral 中央监控服务器，Poller 运行的程序要少得多，程序越少，安全隐患也相对较少。
  - 不在 Poller 部署运行其他无关应用或服务。
  - 推荐以 gorgone 协议与 CentreonCentral 通信。
  - 操作系统 CentOS 有重大安全漏洞纰漏时，及时修补或执行系统更新。
- 被监控主机的安全性。排除被监控主机其他问题，这里仅讨论与监控有关的事项。
  - 监控主机资源推荐 NRPE（Nagios Remote Plugin Executor），少用 SNMP。
  - 自己编写的 Nagios 插件脚本，注意好权限控制。
  - 需要用 root 权限执行或者读取文件的操作，一律使用 sudo，并对 "/etc/sudoers" 文件做最合理的限定。